Die Bedingungen ruhigen Laufs von Drehgestellwagen für Schnellzüge.

Eine Untersuchung

von

Dr.-Ing. Carl Hoening.

Mit 37 in den Text gedruckten Figuren.

Berlin.
Verlag von Julius Springer.
1910.

ISBN-13:978-3-642-89856-3 e-ISBN-13:978-3-642-91713-4
DOI: 10.1007/978-3-642-91713-4

Inhalt.

Benutzte Literatur.

Boedecker, Die Wirkung zwischen Rad und Schiene. Hannover 1887.

Sammlung von Zeichnungen bisher ausgeführter und zur Ausführung vorgeschlagener Drehgestelle für Schnellzugwagen. Herausgegeben auf Veranlassung des Vereins Deutscher Maschinen-Ingenieure. Berlin 1904.

Technische Vereinbarungen des Vereins Deutscher Eisenbahn-Verwaltungen (T. V.).

Eisenbahn-Bau- und Betriebsordnung.

Motto: *Τέλος ἡ λεία τῆς σαρκὸς κίνησις.* (Nach Aristippos.)

Einleitung.

Die vorliegende Arbeit wurde veranlaßt durch das Preisausschreiben des Vereins Deutscher Maschinen-Ingenieure für eine Untersuchung über die Bedingungen ruhigen Laufs von Drehgestellwagen für Schnellzüge. Eine erschöpfende Behandlung dieser Aufgabe würde sich einerseits auf Oberbau und Gleis in allen verschiedenen Ausführungsarten beziehen müssen, sodann auf die Drehgestellkonstruktionen und die Verbindung zwischen Drehgestell und Wagenkasten und endlich auf die äußerst mannigfaltigen Wechselbeziehungen zwischen Gleis, Drehgestell und Wagenkasten. Um den Umfang der Arbeit zu beschränken, soll eine eingehende Behandlung von Oberbau und Gleis nicht vorgenommen werden. Da es in erster Linie darauf ankommt, die Mängel, die sich im Laufe unserer Drehgestellwagen zeigen, klarzustellen, soll vielmehr die theoretische Untersuchung da einsetzen, wo sich die wirksamsten Handhaben zur Beseitigung dieser Mängel bieten. Dies ist der Fall bei der konstruktiven Ausbildung des Drehgestells. Die nachfolgende Untersuchung wird erkennen lassen, dass die gebräuchlichen Anordnungen des Drehgestells Mängel besitzen, welche durch Änderung der Bauart beseitigt werden können.

In der Ausbildung von Oberbau und Gleis dagegen sind Verbesserungen weit schwieriger durchzuführen. Denn jede Änderung des bestehenden Oberbaues ist mit großem Aufwand an Material und Kosten verbunden, und die Möglichkeit technischer und zugleich wirtschaftlicher Verbesserungen ist mithin sehr beschränkt.

Es soll daher im folgenden ein Gleis vorausgesetzt werden, das alle im wirklichen Betrieb sich zeigenden Abweichungen des Fahrzeugs in lotrechtem und wagerechtem Sinne zuläßt, das aber doch den im Betriebe vorkommenden Beanspruchungen gewachsen ist, ohne wesentliche Veränderungen zu erleiden. Unter diesen

Voraussetzungen werden die Bewegungen des Wagenkastens, welche von dessen Unterstützung durch Wiege und Federn abhängig sind, untersucht.

Die Betrachtung bezieht sich zunächst auf zweiachsige Drehgestelle mit Wiege. Die Ergebnisse der Untersuchung können indes auch auf mehrachsige Drehgestelle mit Wiege übertragen werden. Die Konstruktionen ohne Wiege, mit seitlich starrer Lagerung des Drehzapfens, welche vereinzelt Anwendung gefunden haben, werden bei Aufstellung der Ergebnisse berücksichtigt.

I. Lauf der Radsätze auf dem Gleis.

Die Grundlagen zu der nachfolgenden Untersuchung bilden alle diejenigen Erscheinungen, welche beim Lauf der Räder über das Gleis zutage treten, nämlich die Abweichungen von der geradlinigen Bahn in lotrechtem und wagerechtem Sinne. Es werde daher zunächst kurz zusammengefaßt, was bezüglich dieser Bewegungen erfahrungsgemäß als Tatsache gelten kann.

Die Störungsbewegungen in lotrechtem Sinne bestehen in erster Linie in hartem Rollen, Zittern und Stoßen, hervorgerufen durch die Unebenheiten des Rades und der Schiene und durch die Unterbrechung der Schiene an den Schienenverbindungsstellen.

In zweiter Linie geben Durchbiegungen der Schienen infolge mangelhaft unterstopften Gleises Anlaß zu Senkungen und Hebungen der Radsätze, welche langsamer erfolgen als die vorgenannten Störungen und dabei größere Ausschläge in lotrechtem Sinne zur Folge haben.

Weniger leicht zu verfolgen sind die wagerechten Bewegungen der Radsätze quer zur Gleisachse. In der Abhandlung von Boedecker „Rad und Schiene“ ist darauf hingewiesen, daß beim Rollen eines Wagens über das Gleis ein pendelnder Lauf nicht zu vermeiden ist, das also das Drehgestell nicht gerade der Gleisachse folgend, sondern innerhalb des durch die Spurkränze gegebenen Spielraumes wechselnd nach rechts und links sich bewegt.

Es ist hierbei zu unterscheiden, ob die Radkränze zylindrisch oder kegelförmig gestaltet sind. In letzterem Falle wird nach dem Eintreten einer seitlichen Verschiebung nach der einen Schiene hin eine entgegengesetzte Bewegung dadurch eingeleitet, dass der Radsatz nunmehr auf dieser Seite auf einem etwas größeren Laufkreise rollt als auf der andern. Die rückläufige Bewegung setzt sich bis über die Mittelstellung hinaus fort und das Spiel wiederholt sich nach der andern Seite hin. Daraus ergibt sich eine Bahn der

Radsätze, welche in langgestreckten, sinuskurvenartigen Wellenlinien verläuft.

Sind die Radsätze zylindrisch, so fehlt die regelmäßige Pendelbewegung. Die Spurkränze laufen vielmehr so lange an einer Seite, bis durch einen seitlichen Stoß eine Bewegung nach der andern Seite hin eingeleitet wird. Da hierbei naturgemäß die Spurkränze stärker beansprucht werden als bei kegelförmigen Radkränzen, wählt man in der Regel die konische Form.

Es soll nun zunächst vorausgesetzt werden, daß die Radkränze nach einem Konus von bestimmter Neigung (nicht nach zwei verschieden geneigten Kegelflächen, vergl. T. V. § 68) geformt sind, und daß nur das regelmäßige pendelartige Spiel der Radsätze stattfindet. In diesem Falle kann man durch eine rein geometrische Überlegung Aufschluß über die Art und Schwingungszeit der Seitenbewegungen erhalten.

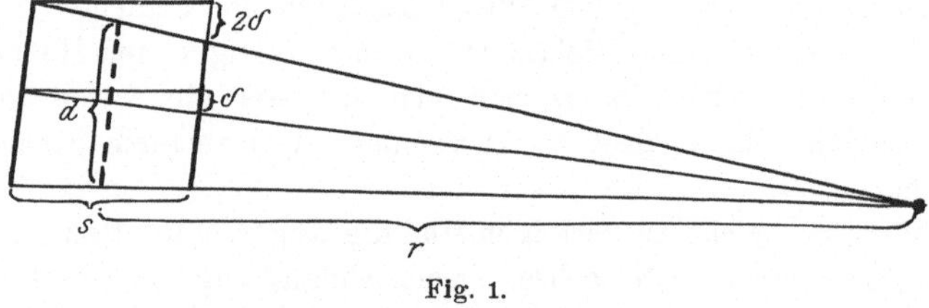

Fig. 1.

Es werde ein einzelner Radsatz betrachtet, dessen Rollkreise im Halbmesser bei größtem beiderseitigen Ausschlag Differenzen δ von 1, 2, 3, 4 oder 5 mm aufweisen mögen. Der mögliche Ausschlag aus der Mittelachse werde zu 5, 10 und 15 mm, das gesamte seitliche Spiel also zu 10, 20 oder 30 mm angenommen.

Der kleinste Krümmungsradius in der Bahn des Radsatzes ist vorhanden, wenn dieser den größten Ausschlag erreicht. An dieser Stelle ist der Krümmungsradius r aus dem mittleren Raddurchmesser ($d = 1{,}0$ m), der Spurweite ($s = 1{,}5$ m) und den Differenzen der Laufkreisradien (δ) wie folgt zu berechnen. Nach Fig. 1 ist:

$$\frac{r}{d} = \frac{s}{2\delta}, \quad r = \frac{s \, . \, d}{2\delta}. \tag{1}$$

Um aus dem so ermittelten Krümmungsradius einen Schluß auf die Länge der von dem Radsatz beschriebenen Wellenlinien ziehen zu können, muß eine Annahme über deren Form gemacht werden.

In der erwähnten Schrift von Boedecker „Rad und Schiene" ist in § 30 S. 97 ff. eine Untersuchung über die Form der Wellenlinie enthalten, welche ein zweiachsiges Fahrzeug im geraden Gleis beschreibt. Daraus geht hervor, daß die Bahn die Form einer Sinuslinie besitzt. Wendet man nun, ohne den ausführlichen Ableitungen Boedeckers zu folgen, dieses Ergebnis auf die vorstehende einfache Ableitung der Bahn eines einzelnen Radsatzes an, so ergibt sich die Länge der Welle, d. h. eines Hin- und Rückganges wie folgt:

Die Sinuslinie hat allgemein die Formel

$$y = a \sin b\,x, \tag{2}$$

worin die Parameter a und b zunächst nicht näher bestimmt sind. Den Krümmungsradius ϱ dieser Linie erhält man annähernd aus der Formel

$$\varrho = \frac{1}{\frac{d^2 y}{d x^2}}, \quad \varrho = \frac{1}{a\, b^2 \sin b\,x}. \tag{3}$$

Bei Vollendung des größten Ausschlages ist:

$$b\,x = \frac{\pi}{2}, \ \frac{3\pi}{2} \text{ usf.};$$

der Ausdruck $\sin b\,x$ wird also gleich ± 1. Durch Gleichsetzung von ϱ und r für vorliegenden Fall erhält man die Beziehung:

$$r = \frac{1}{a\, b^2}, \quad b = \sqrt{\frac{1}{a\, r}}. \tag{4}$$

Nach Gleichung (2) ist für $\sin b\,x = \pm 1$:

$$y = \pm a.$$

Daraus folgt, daß a der größte Ausschlag des Radsatzes aus der Bahnachse ist. Derselbe ist nach obigem zu 0,005, 0,01 oder 0,015 m angenommen. Es kann also b berechnet werden:

$$b = \sqrt{\frac{2\,\delta}{a\,.\,s\,.\,d}}. \tag{5}$$

Aus b kann die Bahnlänge l für einen Hin- und Rückgang des Radsatzes bestimmt werden aus der Beziehung:

$$b\,x/_{x=l} = 2\pi, \quad l = \frac{2\pi}{b}, \quad l = 2\pi\sqrt{\frac{a.s.d}{2\delta}}. \tag{6}$$

Die Werte für l sind in folgender Tabelle zusammengestellt:

Ausschlag in cm	Differenzen der Laufkreisradien in cm:					
	$\delta =$ 0,1	0,2	0,3	0,4	0,5	
0,5	12,2	8,6	7,0	6,1	5,5	Wellen-
1,0	17,2	12,2	9,9	8,6	7,7	länge l
1,5	20,1	17,3	12,2	10,6	9,4	in m

Die Zeitdauer eines Hin- und Rückganges ist naturgemäß von der Fahrgeschwindigkeit abhängig. Die folgenden Untersuchungen sollen sich ausschließlich auf hohe Fahrgeschwindigkeiten beziehen, da erfahrungsgemäß nur bei solchen die Wellenbewegung des Drehgestells einen ungünstigen Einfluß auf die Ruhe der Fahrt ausübt. Wird die Geschwindigkeit demgemäß zu dem für Schnellzüge üblichen Höchstmaß von 100 km/Stde (Eisenbahn-Bau- und Betriebsordnung § 66) angenommen, so sind die Zeiten für das Durchfahren einer ganzen Wellenlänge, also die Schwingungszeiten des Drehgestells:

Ausschlag in cm	Differenzen der Laufkreisradien in cm:					
	$\delta =$ 0,1	0,2	0,3	0,4	0,5	
0,5	*0,44*	0,31	0,25	0,22	0,20	Zeitdauer für einen
1,0	0,62	*0,44*	0,36	0,31	0,28	Hin- und Rückgang bei $v = 100$ km/Stde.
1,5	0,72	0,62	*0,44*	0,38	0,34	t in sec.

Die Grenzwerte der Schwingungsdauer sind hiernach für einen Radsatz, der mit einer Geschwindigkeit von $v = 100$ km/Stde. über das Gleis rollt, 0,72 und 0,20 sec. Hierbei ist vorausgesetzt, daß nur das durch die kegelförmige Gestalt der Laufkränze hervorgerufene regelmäßige Spiel erfolgt.

Bei dem größeren Wert der Schwingungsdauer von 0,72 sec beträgt die Neigung der Radkränze, wenn $\delta = 0{,}1$ cm die größte Differenz der Rollkreisradien, $a = 1{,}5$ cm den größten Ausschlag aus der Mitte bezeichnet:

$$\frac{\delta}{2a} = \frac{0{,}1}{2.1{,}5} = \frac{1}{30};$$

bei dem kleineren Wert von 0,2 sec:

$$\frac{\delta}{2a} = \frac{0{,}5}{2.0{,}5} = \frac{1}{2}.$$

Nach T. V. § 68 soll die Neigung bei neuen Radreifen $^1/_{20}$ betragen. Stärkere Neigungen als $^1/_{10}$ kommen wohl im Betrieb nicht vor. Nach obiger Tabelle beträgt hierbei die Schwingungsdauer 0,44 sec unter Zugrundelegung von 100 km Stundengeschwindigkeit.

Noch größere Neigungswinkel des Radkranzes im Berührungspunkt mit der Schiene treten dann ein, wenn die Hohlkehle des Spurkranzes an den Schienenkopf anläuft (Fig. 2).

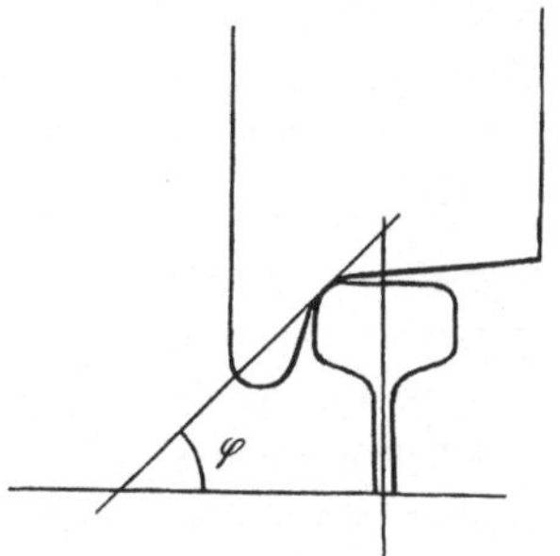

Fig. 2.

Wenn dies der Fall ist, so ist während einer Schwingung die Neigung des Radkranzes im Laufkreise veränderlich. Die beschriebene Wellenlinie weicht also von der Form einer Sinuslinie ab. Während der mittlere Teil der Bewegung ebenso erfolgt wie bei dem normalen Verlauf der Schwingungen, wird gegen das Ende des Ausschlages durch Anlaufen der Hohlkehle des Spurkranzes die Umkehr beschleunigt, die Schwingungsdauer somit verringert. Die Wirkung der Seitenbewegung des Radsatzes auf die Ruhe des Ganges ist hierbei größer als bei normalem Verlauf der Schwingung, denn dieselbe ist in erster Linie von dem größten auftretenden seitlichen Beschleunigungsdruck, also von der größten wirksamen Neigung des Radkranzes im Berührungspunkt mit der Schiene, abhängig. Für die nachfolgenden Untersuchungen über die Wirkungen der Schlingerbewegung des Drehgestells auf den Wagenkasten ist also hierbei mit stärkerer Störung, welche mit kürzerer Schwingungszeit erfolgt, zu rechnen, als bei normalem Verlauf der Seitenbewegungen der Radsätze.

Bei Anwendung vorstehender theoretischer Betrachtungen auf die wirklichen Vorgänge beim Lauf von Drehgestellwagen müßte zunächst der Einfluß der zweiten Achse des Drehgestells auf die

Seitenbewegung berücksichtigt werden. Die Erfahrung zeigt, daß mit zunehmendem Radstande des Drehgestells die Sicherheit der Führung desselben im Gleis zunimmt, da der Ausschlagwinkel des Drehgestells und damit der Anlaufwinkel des einzelnen Radsatzes gegen die Schiene um so kleiner ist, je größer der Radstand. Der Vorgang des Anlaufens der Spurkränze an den Schienenkopf tritt also weniger leicht ein, wenn der Radstand möglichst lang gewählt wird. Auf die Schwingungsdauer der Radsätze und die Länge der beschriebenen Wellenlinien dagegen ist der Radstand von geringerem Einfluß (vergl. Boedecker S. 104 ff.). Die Schwingungsdauer der Bewegungen des Drehgestells soll daher bei der der Betrachtung zugrunde gelegten Geschwindigkeit von 100 km/Stde auch für das zweiachsige Drehgestell innerhalb der Grenzen von 0,2 und 0,72 sec angenommen werden.

Wichtiger als die Berücksichtigung der zweiten Achse des Drehgestells ist die Frage, ob die Seitenbewegungen nur in der beschriebenen Weise erfolgen oder ob auch seitliche Gleitbewegungen der Radsätze auf der Schiene auftreten können, dadurch, daß die wirksamen seitlichen Massenkräfte die Reibung überwinden und zu stärkeren seitlichen Schlingerbewegungen Anlaß geben.

Die Erfahrung zeigt bezüglich des Auftretens solcher Gleitbewegungen folgendes:

Bei langsamer Fahrt über gut verlegtes und von starken Krümmungen freies Gleis sind nur ruhige Schwingungen des Drehgestells zu bemerken. Bei schnellerer Fahrt wird naturgemäß die Schwingungsdauer dieser Bewegungen kürzer, die seitlichen Beschleunigungsdrucke werden infolgedessen größer. Dabei werden zeitweise auch die Hohlkehlen der Spurkränze an den Schienenkopf anlaufen, was nach obigem eine weitere Verstärkung der Beschleunigungskräfte zur Folge hat. Bei noch höherer Fahrgeschwindigkeit können infolge der Beschleunigungskräfte bei großen schwingenden Massen Gleitbewegungen eintreten, welche die Spurkränze zum Anprallen gegen die Schienenköpfe bringen. Da die Schiene elastisch ist, werden die Radsätze zurückgeschleudert und prallen gegen den andern Schienenkopf usf. Solche Gleitbewegungen, welche bei geringer Fahrgeschwindigkeit nur vereinzelt an schlechten Stellen des Gleises auftreten, werden mit wachsender Fahrgeschwindigkeit infolge der größeren Massenkräfte immer häufiger.

Endlich werden dieselben so erheblich, daß eine Erhöhung der Fahrgeschwindigkeit über ein gewisses Maß unzulässig erscheint.

Die Massenkräfte, welche bei den Schlingerbewegungen des Drehgestells wirksam sind, setzen sich zusammen aus denjenigen des Drehgestells selbst und denen, welche vom Wagenkasten auf dieses übertragen werden. Ist der Drehzapfen nun seitlich starr in dem Drehgestell gelagert, so muß der Wagenkasten der vom Mittelpunkt desselben beschriebenen Wellenlinie folgen. Die Massenkräfte des Drehgestells und des Wagenkastens addieren sich also. Dadurch werden somit die wirksamen seitlichen Kräfte vergrößert, während andererseits auch infolge der großen zu bewegenden Massen die Schlingerbewegungen des Drehgestells verlangsamt oder vermindert werden können.

Ist der Wagenkasten seitlich nachgiebig auf dem Drehgestell gelagert, d. h. führt derselbe eigene Bewegungen gegen dieses aus, so werden sich die Massenkräfte des Wagenkastens nur zeitweise zu denen des Drehgestells addieren. Die Übertragung dieser Kräfte auf das Drehgestell erfolgt in dem Falle durch Vermittlung der Wiege. Die Größe der übertragenen Kräfte ist also abhängig von den Schwingungen der Wiege. Die auf das Drehgestell wirkenden seitlichen Kräfte werden im allgemeinen geringer sein als bei starrer Lagerung des Drehzapfens in dem Drehgestell.

Eine zahlenmäßige Untersuchung über die Größe der auf das Drehgestell wirkenden Massenkräfte kann naturgemäß nur ganz überschlägiger Art sein. Es werde die Frage untersucht, ob im geraden Gleis bei $V = 100$ km/Stde. infolge der auf das Drehgestell wirkenden Massenkräfte Gleitbewegungen der Radsätze auftreten können. Das Spiel zwischen den Spurkränzen werde zu 2 cm, der Ausschlag des Drehgestellzapfens aus der Mitte seiner Bahn also zu $\pm 1{,}0$ cm, die Neigung der Radsätze zu $^1/_{20}$ angenommen. Die Bahn des Drehgestellzapfens werde mit der oben betrachteten Bahn eines rollenden Radsatzes gleichgesetzt.

Dann ist nach obigem der kleinste Krümmungshalbmesser der Bahn des Drehgestells, das in geradem Gleis läuft:

$$r = \frac{1{,}0 \,.\, 1{,}5}{2 \,.\, 0{,}02 \,.\, 0{,}05} = 750 \text{ m.}$$

Die Fliehkraft beim Befahren dieser Kurve mit 100 km/Stde. oder 27,8 m/sec ist:

$$C = \frac{G v^2}{g \cdot r} = \frac{G \cdot 27{,}8^2}{9{,}81 \cdot 750} = 0{,}103\, G \sim \frac{1}{10}\, G.$$

Nimmt man an, daß die ganze auf dem Drehgestell lastende Masse des Wagenkastens an dessen Bewegungen teilnimmt, so würde also die Seitenkraft $10\,^0/_0$ der Belastung betragen. Hierbei wird die Reibung der Räder auf der Schiene überwunden, da der Reibungskoeffizient durch die sonstigen Bewegungen der Räder und die Druckschwankungen zwischen Rad und Schiene zeitweise wesentlich vermindert wird, also kleiner als $^1/_{10}$ anzunehmen ist.

Nimmt man an, daß infolge nachgiebiger Lagerung des Wagenkastens dieser für sich nur die Hälfte des oben berechneten Seitendrucks ausübt, so erhält man die seitliche Kraft K wie folgt:

Beträgt die Masse des Drehgestells $^1/_5$, die des Wagenkastens $^4/_5$ der Gesamtmasse G, so ist: $K = \frac{G}{5} \cdot \frac{1}{10} + \frac{4\,G}{5} \cdot \frac{1}{20} = \frac{6\,G}{100}$ oder $6\,^0/_0$ der Belastung.

Auch dieser Wert kann unter den oben genannten Verhältnissen ausreichen, die Radsätze auf den Schienen seitlich zu verschieben.

Nimmt der Wagenkasten an den Bewegungen des Drehgestells überhaupt nicht teil, so beträgt die Seitenkraft nur $2\,^0/_0$ der Belastung. In diesem Falle ist anzunehmen, daß die Schwingungen der Radsätze regelmäßig vor sich gehen, daß die Bahn des Drehgestells also im allgemeinen einer Sinuslinie folgt.

Aus dieser Berechnung geht jedenfalls das eine hervor, daß die Art der Unterstützung des Wagenkastens und die Rückwirkungen der schwingenden Masse des Wagenkastens auf das Drehgestell von wesentlichem Einfluß auf die Bewegungen des letzteren im Gleise sind.

Aufgabe der nachfolgenden Untersuchung ist es, die Bewegungen des Wagenkastens derart rechnungsmäßig zu bestimmen, daß daraus die Bedingungen für Vermeidung schädlicher Übertragung von Massenwirkungen durch die Unterstützungsglieder des Wagenkastens abgeleitet werden können.

Zusammenfassung.

Folgende Arten von seitlichen Bewegungen des Drehgestells sind zu unterscheiden:

1. Regelmäßige langsam verlaufende Pendelbewegungen, hervorgerufen durch die kegelförmige Gestalt der Radkränze.

Schwingungsdauer bei einer Geschwindigkeit von 100 km/Stde 0,72—0,44 sec.

2. Beschleunigte Schlingerbewegungen infolge Anlaufens der Hohlkehlen der Spurkränze an den Schienenkopf. Schwingungszeit $t \sim$ 0,20—0,44 sec bei $V = 100$ km/Stde.

3. Schleuderbewegungen infolge seitlichen Gleitens der Räder auf den Schienen, Anprallens der Spurkränze an den Schienenkopf und infolge elastischer Stoßwirkungen zwischen Spurkranz und Schienenkopf. Die Schwingungsdauer ist nicht bestimmt, jedenfalls ist $t < 0{,}20$ sec.

Die Bewegungen unter 2. und 3. treten auch bei zylindrischen Radkränzen auf.

Da bei geringeren Fahrgeschwindigkeiten erfahrungsgemäß die Störungsbewegungen im Lauf der Wagen wesentlich geringer sind als bei hohen, soll den folgenden Untersuchungen nur die größte zugelassene Fahrgeschwindigkeit $V = 100$ km/Stde. zugrunde gelegt werden.

II. Das Drehgestell und die Bewegungen des Wagenkastens.

Um eine theoretische Untersuchung der Bewegungen vornehmen zu können, welche der durch Wiege und Federn unterstützte Wagenkasten unter dem Einfluß der Störungsbewegungen im Lauf der Drehgestelle ausführt, muß zunächst die Art und der Verlauf der Störungen durch eine physikalische Betrachtung veranschaulicht werden.

Alle Arten von störenden Bewegungen beim Lauf von Eisenbahnwagen können im weiteren Sinne als Schwingungen aufgefaßt

Fig. 3.

werden. Bei den regelmäßig hin- und hergehenden Bewegungen, wie sie bei ruhigem Lauf des Drehgestells auftreten, ist der Schwingungscharakter am leichtesten zu erkennen. Aber auch stärkere Stöße und alle Arten von Abweichungen aus der vorgeschriebenen Bahn können aus einer Anzahl von Einzelbewegungen zusammengesetzt werden, welche, wie die Schwingungen eines Pendels, nach dem Sinusgesetz erfolgen. Die Theorie der Fourierschen Reihen zeigt, daß jede periodische Funktion als algebraische Summe einer großen Zahl von Gliedern der Form $a \sin x$, $b \sin 2x$ usw. dargestellt werden kann. Wie diese Zusammensetzung erfolgt, ist etwa aus der Skizze Fig. 3 zu ersehen. Die dargestellte Kurve entsteht durch Summation der Ordinaten dreier Sinuslinien, deren Wellenlängen im Verhältnis 1 zu $^1/_2$ zu $^1/_4$ zueinander stehen.

Da nicht alle Schwingungen einen ungestörten Verlauf nehmen, sondern bald wieder verschwinden und durch neue Störungen abgelöst werden, ist allerdings aus einer Aufzeichnung der Bewegungen, die mittels eines geeigneten Apparates auf dem fahrenden Wagen vorgenommen würde, die Zusammensetzung aus den Einzelschwingungen nicht mehr zu erkennen. In vorliegendem Falle kommt es indessen nur darauf an, ein Bild darüber zu gewinnen, welche Art von Gliedern, d. h. welche Schwingungszahlen an der Bildung einer Bewegung vorwiegend beteiligt sind.

Eine einfache Überlegung zeigt, daß bei einer kurzen, harten Bewegung Schwingungen mit hoher Frequenzzahl überwiegen, bei einer langsamen, weicheren Bewegung dagegen solche mit niederen Frequenzzahlen. Denn bei gegebenem Ausschlage sind bei kurzer Schwingungsdauer die Krümmungsradien kleiner, die Beschleunigungskräfte also stärker als bei längerer Schwingungsdauer. Und umgekehrt, bei kräftigen Stößen wird das Fahrzeug schneller von der einen zur andern Seite geworfen, führt also kürzere Schwingungen aus, als bei schwächeren Antriebskräften.

Jeder Seitenbewegung des Drehgestelles, die bei gegebener Fahrgeschwindigkeit durch einen bestimmten Anstoß hervorgerufen wird, entspricht eine Schwingung von bestimmter Frequenzzahl, die sich allerdings in der Regel von Augenblick zu Augenblick ändert. Legt sich beispielsweise die Hohlkehle des Spurkranzes an den Schienenkopf, so kann man über die Schwingungsdauer, die dieser Störung entspricht, Aufschluß erhalten, indem man in derselben Weise, wie oben auf S. 5 und 6 berechnet, aus den augenblicklichen beiderseitigen Laufkreishalbmessern den Bahnradius bestimmt und hieraus unter Berücksichtigung des Ausschlages die Länge der Sinuslinie und die Dauer einer Schwingung.

Beim Anprallen der Spurkränze an den Schienenkopf erhält man offenbar von den oben bezeichneten verschiedenen Störungsarten die kürzesten Schwingungen, also die größten Frequenzzahlen, während bei dem regelmäßig periodisch wiederkehrenden Spiel infolge schwach konischer Radkränze die längsten Schwingungen auftreten.

Zur Erzielung ruhiger Fahrt ist es nun in erster Linie erforderlich, die harten Bewegungen, welche hohen Frequenzzahlen entsprechen, vom Wagenkasten fern zu halten, da diese die stärksten seitlichen Beschleunigungskräfte zur Folge haben. Die Unterstützung des Wagenkastens muß also so beschaffen sein, daß derselbe nur langsame, weiche Bewegungen ausführen kann, vorausgesetzt natürlich, daß auch diese sich nicht dauernd wiederholen und zu großen Ausschlägen führen.

Zur näheren Erläuterung dieser Forderung diene die nachfolgende Betrachtung.

Unterwirft man den Aufhängepunkt eines mathematischen Pendels (Fig. 4) periodisch hin- und hergehenden seitlichen Bewegungen, die klein im Vergleich zur Pendellänge sind, so lehrt die Erfahrung über das Verhalten des Pendels folgendes. Der Einfachheit wegen mögen die Bewegungen des Aufhängepunktes als primäre, diejenigen der pendelnden Masse als sekundäre Bewegungen bezeichnet werden.

Erfolgen zunächst die primären Bewegungen sehr schnell und mit hohen Frequenzzahlen, d. h. mit höheren Frequenzzahlen als die sekundären Bewegungen des Pendels, so bleibt die aufgehängte Masse fast völlig in Ruhe. Dabei ist vorausgesetzt, daß einerseits die Masse auf einen sehr kleinen Raum beschränkt ist, und daß andererseits nicht Zuckungen in Richtung des Aufhängefadens auf den Massenpunkt übertragen werden. Sehr schnelle und kurze Bewegungen werden also durch die Pendelaufhängung nicht auf die Masse übertragen.

Fig. 4.

Läßt man die primären Bewegungen langsamer erfolgen, so wird die pendelnde Masse mehr in Mitleidenschaft gezogen. Endlich wird man zu einer Bewegungsart des Aufhängepunktes gelangen, bei der die Masse Bewegungen ausführt, die größere Ausschläge haben, als die primären Bewegungen selbst. Dies ist der Fall, wenn die Frequenz der primären Bewegungen sich der Schwingungszahl des Pendels, welche konstant ist nach Maßgabe der Pendellänge, nähert oder ihr gleichkommt. Diesen Grenzfall bezeichnet die Erscheinung der Resonanz, bei welcher die sekundären Schwingungen sich bei vielfacher Wiederholung rechnungsmäßig bis ins unendliche steigern würden. Bei noch längerer Schwingungsdauer der primären Bewegungen werden die sekundären Schwingungen wieder kleiner. Immerhin aber sinkt ihr Ausschlag nicht mehr unter denjenigen der primären Bewegungen.

Eine rechnungsmäßige Untersuchung dieser Vorgänge ist nicht erforderlich, da die Sache selbst sich in einfacher Weise veranschaulichen läßt. Es zeigt sich, daß der Einfluß der Pendelaufhängung auf die Bewegungen der Masse nur von den primären und sekundären Schwingungszeiten, nicht aber von anderen Umständen abhängig ist.

Für eine räumlich ausgedehnte Masse, wie sie der Wagenkasten darstellt, läßt sich eine ähnliche Betrachtung durchführen. Setzt man dieselbe auf Federn von bestimmter Durchbiegung (Fig. 5), so haben ihre vertikalen Schwingungen eine ganz bestimmte Schwingungsdauer, welche aus der Durchbiegung f der Federn unter der ruhenden Last G mit Hilfe der Formel

$$t = 2\pi \sqrt{\frac{f}{g}}$$

zu ermitteln ist. Unterwirft man die Unterlage, auf welcher die Federn ruhen, auf- und niedergehenden Bewegungen in derselben Weise, wie dies oben für den Aufhängepunkt des mathematischen Pendels beschrieben, so zeigen sich die gleichen Erscheinungen. Bei Eintritt der Resonanz zwischen primären und sekundären Schwingungen beschreibt die Masse sehr große Bewegungen in lotrechter Richtung, während dieselbe durch kurze und schnelle primäre Bewegungen wenig beeinflußt wird.

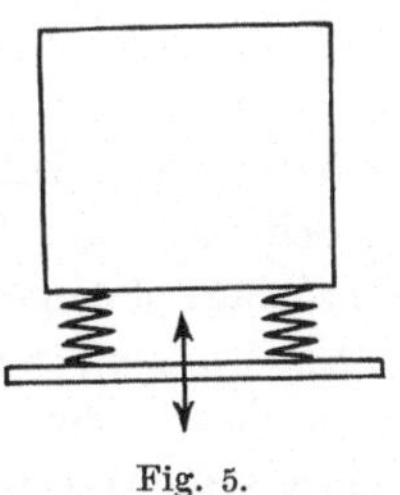

Fig. 5.

Das gleiche gilt für eine in wagerechtem Sinne federnde oder pendelnde räumlich ausgedehnte Masse, wenn die Unterlage seitlichen Bewegungen unterworfen wird. Die obige Betrachtung wird sich also sowohl auf die lotrechten wie auf die wagerechten Bewegungen des Wagenkastens anwenden lassen, wenn die Schwingungszeit desselben, welche von seiner Unterstützung durch Wiege und Federn abhängig ist, bestimmt ist.

Berücksichtigt man nämlich, daß bei Auftreten unregelmäßiger Bewegungen im Lauf des Drehgestells harte Stöße Schwingungen von hoher Frequenzzahl entsprechen, langsamere und weichere Bewegungen dagegen solchen von niederer Frequenzzahl, so folgt, daß die ersteren durch die federnde Unterstützung in gemilderter Form auf den Wagenkasten übertragen werden, letztere dagegen, je nach der Schwingungsdauer, unter Umständen nicht unerheblich verstärkt werden können, besonders wenn solche als gleichförmige, periodische Schwingungen auftreten und sich mehrfach wiederholen.

Die nachfolgende Untersuchung wird zeigen, daß Übereinstimmung der primären und sekundären Schwingungszeiten bei den üblichen Wagenkonstruktionen wohl auftreten kann. In dieser Übereinstimmung ist der Grund dafür zu suchen, daß der Einfluß der Wiege sich häufig in ungünstigem Sinne bemerklich macht, da der Wagenkasten stärkere Schwingungen zeigt als das Drehgestell.

Die Mittel zur Beseitigung dieses Übelstandes können in zwei völlig entgegengesetzten Richtungen gesucht werden.

Der erste Weg ist der, die Seitenbewegungen des Wagenkastens möglichst einzuschränken, indem man, wie bei der Konstruktion v. Borries, die Wiege vermeidet und durch wagerechte Gleitflächen ersetzt, dabei aber zugleich durch Anordnung wagerechter Pufferfedern eine Mittelstellkraft herbeiführt, die stärker ist als diejenige infolge der Lenkeraufhängung der Wiege (vergl. Sammlung von Drehgestellzeichnungen, Tafel 20). Hierdurch wird die Schwingungszahl des Wagenkastens zwar erhöht, die Weite der Ausschläge dagegen herabgemindert. Der Nachteil, den man dabei in Kauf nimmt, besteht einerseits in der höheren Schwingungszahl selbst und in der dadurch hervorgerufenen Härte der Bewegungen, andererseits darin, daß nun auch kürzere primäre Schwingungen der Drehgestelle nicht mehr in dem Maße bei der Übertragung auf den Wagenkasten gemildert werden, wie dies wünschenswert wäre.

Das zweite Mittel besteht darin, durch Verminderung der Rückstellkraft der Wiege in bezug auf die wagerechten Bewegungen ihre Schwingungszahl zu verringern und den Wagenkasten frei ausschwingen zu lassen. Nimmt man entsprechend obigen Berechnungen die größte Pendeldauer für solche Bewegungen im Lauf des Drehgestells, welche sich störend bemerkbar machen, zu etwa 0,7 bis 0,8 sec an, so würde eine Schwingungsdauer des Wagenkastens von etwa 2—3 sec nach obigen Überlegungen den Erfolg haben, die Übertragung der Bewegungen auf den Wagenkasten wirksam zu verhindern.

Die weiteren Vorteile, die eine Vergrößerung der Schwingungsdauer des Wagenkastens bieten würde, sind bereits erwähnt: Infolge der geringeren Beschleunigungsdrucke würden nämlich einerseits weichere, weniger störende Bewegungen des Wagenkastens erzielt, andererseits auch eine Verminderung der Rückwirkungen auf das

Drehgestell. Die seitlichen Kräfte, die beim Schlingern des Wagenkastens auf das Drehgestell übertragen werden und die nach obigem eine der Hauptursachen für den unruhigen Lauf desselben bilden, können am wirksamsten durch eine Verminderung der Rückstellkraft der Wiege beseitigt werden, da bei einer Ablenkung des Wagenkastens aus der Mittellage diese Rückstellkraft einerseits die Ursache für den Beschleunigungsdruck auf den Wagenkasten, andererseits aber auch für die Reaktion dieser Kraft auf das Drehgestell bildet.

Theoretisch betrachtet, könnte in einer vollkommenen geraden und ebenen Bahn, wenn man von zufälligen Neigungen des Drehgestells absieht, jede Mittelstellkraft überhaupt fehlen, so daß der Wagenkasten, etwa wie in Fig. 6 dargestellt, sich mittels Rollen auf einer wagerechten Fläche frei verschieben könnte. Wenn das Drehgestell in diesem Falle schlingert, so würde es sich frei unter dem Wagenkasten hin und her schieben können, ohne daß dieser in Mitleidenschaft gezogen würde. Für den Wagenkasten fehlte in diesem Falle jeder Anlaß, von der geraden Bahn abzuweichen. Eine Rückwirkung auf das Drehgestell ist also gleichfalls nicht vorhanden. Praktisch ist nun eine Mittelstellkraft immer erforderlich, in der Geraden, um zu verhindern, daß der Wagenkasten sich aus dem Profil verschiebt, in Gleiskrümmungen besonders, um denselben überhaupt in der vorgeschriebenen Bahn zu führen. Diese Mittelstellkraft sollte aber nur so groß bemessen sein, wie für die genannten Zwecke erforderlich ist, da eine zu große Mittelstellkraft einerseits leicht zu Resonanzschwingungen des Wagenkastens führen kann, andererseits eine verstärkte Rückwirkung auf das Drehgestell zur Folge hat. Bei einer gering bemessenen Mittelstellkraft werden die kurzen Schlingerbewegungen des Drehgestells, ähnlich wie bei der Ausführung nach Fig. 6, ohne Einfluß auf den Wagenkasten bleiben und dieser wird nur dann dem Drehgestell folgen, wenn, wie in Bahnkrümmungen, der seitliche Druck anhaltend wirkt. Wie groß bei einer hiernach bemessenen Mittelstellkraft die Ausschläge des Wagenkastens aus der Bahnachse werden können, wird weiter unten berechnet.

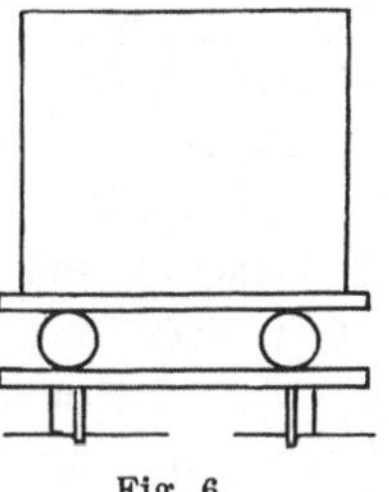
Fig. 6.

Die vorstehende Überlegung bietet Anlaß zu einem naheliegenden Vergleich. Auch bei Schiffen, bei denen ja die Schwingungszeit durch die metazentrische Höhe in Verbindung mit der Masse des Schiffes gegeben ist, beobachtet man deutlich den störenden Einfluß zu hoher Frequenzzahl der Schlingerbewegungen.

Mit wachsender metazentrischer Höhe nimmt einerseits die Stabilität, andererseits aber auch die Frequenzzahl und die Härte der Schlinger- bezw. Stampfbewegungen zu. Man beobachtet nun bei älteren Schiffen mit großen metazentrischen Höhen, also großer Stabilität, weit heftigere Schlinger- und Stampfbewegungen als bei neueren Bauten, bei denen man die metazentrische Höhe gering wählt und damit infolge der großen Pendeldauer eine sehr ruhige Fahrt erzielt, da die Wellen mit ihrer geringeren Schwingungszeit die Masse des Schiffes nicht zum Mitschwingen veranlassen können. Die Gefahr des Kenterns ist hierbei trotz der geringen Stabilität erfahrungsgemäß kleiner als bei größerer metazentrischer Höhe.

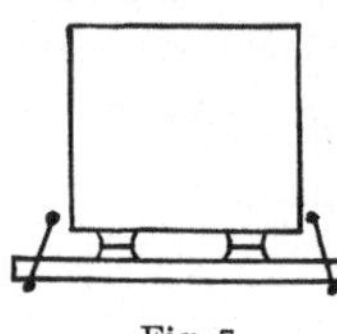

Fig. 7.

Bei Eisenbahnwagen erfolgen die Störungen weit schneller und mit größeren Beschleunigungen, als bei Schiffen, sie sind aber wegen der geringen Ausschläge weit leichter zu beherrschen als dort. Umsomehr sollte man hier dazu übergehen, durch Wahl einer möglichst großen Schwingungsdauer des Wagenkastens den Einfluß der Störungen im Lauf der Drehgestelle zu vermindern.

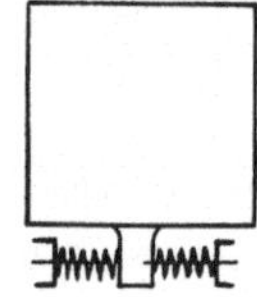

Fig. 8.

Die Mittel hierzu bieten die konstruktiven Vorrichtungen zur Erzielung der Mittelstellkraft des Wagenkastens im wagerechten Sinne.

Da diese Mittel weiter unten näher besprochen werden sollen, werde hier nur kurz erwähnt, daß dieselben vierfacher Art sein können. Sie bestehen nämlich:

1. in der Lenkeraufhängung der Wiege (Fig. 7);
2. in der Anordnung seitlicher wagerechter Pufferfedern zwischen Drehgestell und Wagenkasten (Fig. 8);
3. in der Anordnung lotrecht wirkender Tragfedern derart, daß sie seitliche Schwankungen des Wagenkastens aufzunehmen vermögen (Fig. 9);
4. in der Anordnung von geneigten Gleit- oder Rollbahnen zur Unterstützung des Wagenkastens (Fig. 10).

In den meisten Fällen müssen mehrere dieser Mittel gleichzeitig zur Anwendung kommen, da seitliche Bewegungen des Wagenkastens in mehrfachem Sinne eintreten können. Zum Beispiel sind bei der von der preußischen Staatsbahn verwendeten Drehgestellkonstruktion außer der Bewegung der Wiege seitliche Schwankungen des Wagenkastens infolge wechselseitiger Federbiegungen nach Fig. 9 möglich. Jede dieser Seitenbewegungen besitzt eine ihr eigentümliche Rückstellkraft. Außerdem wird oft auch die zweite Art von Mittelstellkraft nach Fig. 8 zu Hilfe genommen, doch ist dieselbe infolge geringer Spannkräfte der Seitenpuffer bei dem Drehgestell der preußischen Bahnen nur von untergeordneter Bedeutung.

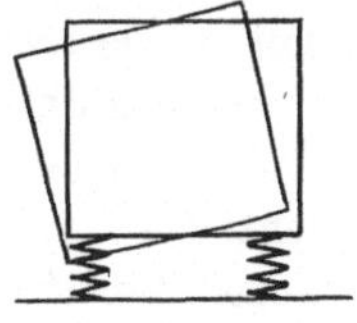
Fig. 9.

Soll nun, wie oben erörtert, die Mittelstellkraft wesentlich geringer gewählt werden, um größere Schwingungsdauer zu ermöglichen als bei der Wiegenkonstruktion der preußischen Staatsbahn, so würde das vierte Mittel (Fig. 10) zur Anwendung kommen, bei dem man es in der Hand hat, durch geringere Neigung der Führungsbahnen die Mittelstellkraft beliebig zu vermindern. Die nähere Untersuchung der bei den verschiedenen auftretenden Schwingungen und Ausschläge soll in den nächsten Abschnitten erfolgen.

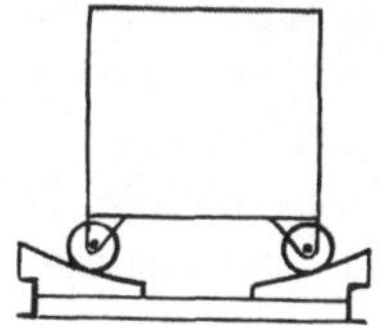
Fig. 10.

Hier muß noch auf solche Mittel hingewiesen werden, welche dazu dienen, die Schwingungen des Wagenkastens durch Absorbierung der Schwingungsarbeit herabzumindern, dieselben also zu dämpfen. Hierzu dient die Reibung zwischen aufeinander gepreßten Gleitflächen.

Bei Anwendung der Reibung zur Dämpfung der Schwingungen des Wagenkastens ist indes zu beachten, daß diese hierdurch nur vermindert, nicht aufgehoben werden. Denn die Reibung kann nur dann wirksam werden, wenn eine Bewegung vorhanden ist. In diesem Falle werden unter dem Einfluß der Reibung die Schwingungen bei jedem Ausschlage kleiner und verschwinden endlich ganz, wenn nicht neue störende Bewegungen hinzutreten. Die Dämpfung durch Reibung wirkt also in anderer Weise als nach obigem eine entsprechende Bemessung der Schwingungszeiten des Wagenkastens, da nur durch letzteres Mittel schädliche Schwingungen des Wagenkastens wirklich verhindert werden können. Immerhin findet die Reibungsdämpfung ausgedehnte Anwendung und ist zur Beseitigung außergewöhnlich großer Ausschläge in allen Fällen von Vorteil.

Sind nun die zu dämpfenden Schwingungen kurz und ihre Frequenzzahl entsprechend hoch, so muß man den Reibungsdruck groß wählen, um auf dem kurzen verfügbaren Reibungswege die Dämpfung genügend wirksam werden zu lassen. Dadurch wird die Nachgiebigkeit der Unterstützung indes wesentlich erschwert, so daß zahlreiche kleinere Störungsbewegungen des Drehgestelles, die bei freier Ausschwingung nicht übertragen werden, durch die Reibung unvermittelt an den Wagenkasten gelangen.

Bei dem Schnellbahnwagen der Versuchsstrecke Berlin—Zossen sind mit sehr starken Dämpfungsvorrichtungen gute Erfahrungen gemacht worden. Hier war allerdings der Oberbau in vorzüglichem Zustande, die Strecke war frei von erheblichen Bahnkrümmungen, der kleinste Krümmungshalbmesser betrug $R = 1900—2000$ m, und der Radstand der Drehgestelle konnte daher auf 5,0 m bemessen werden, während nach Eisenbahn-Bau- und Betriebsordnung § 30 nur feste Radstände von 4,5 m zulässig sind. Die obigen Erwägungen sprechen gegen die Anwendung so starker Reibungsdämpfung unter normalen Verhältnissen, d. h. bei normaler Gleislage und kürzeren Radständen der Drehgestelle, wie sie durch das Befahren starker Kurven geboten sind. Hierbei kommen weit stärkere und zahlreichere Seitenbewegungen der Drehgestelle vor, als bei der Schnellbahn. Diese aber können nur durch eine richtig bemessene Schwingungsdauer des Wagenkastens bei freier Ausschwingung von diesem ferngehalten werden.

Bezüglich der konstruktiven Mittel für die Reibungsdämpfung sei nur kurz bemerkt, daß dieselben je nach dem zu erreichenden Zweck sehr verschiedene Ausbildung erhalten müssen. Während eine sehr wirksame Dämpfung der seitlichen Bewegungen durch wagerechte Gleitflächen erzielt werden kann, wird eine weniger starke Dämpfung durch die Zapfenreibung der Wiege herbeigeführt. Die Bewegungen der Federn andererseits werden in einfachster Weise dadurch gedämpft, daß man geschichtete Blattfedern verwendet, welche die Eigenschaft besitzen, durch Reibung zwischen den Blättern, die durch die Last des Wagenkastens aufeinander gepreßt werden, Arbeit zu vernichten. Auch durch die Reibung zwischen den aufeinander gepreßten Puffern zweier gekuppelter

Wagen kann eine Dämpfung der relativen Bewegungen zwischen beiden Fahrzeugen erzielt werden.

Bevor nun die Wirkungsweise der Unterstützungsvorrichtungen des Wagenkastens genauer untersucht werden kann, muß eine weitere physikalische Betrachtung über die Art und Dauer der Schwingungen einer Masse, die, wie der Wagenkasten eines Drehgestellwagens, auf Federn und Wiege gelagert ist, vorgenommen werden.

III. Rechnerische Untersuchung des Drehgestelles der preußischen Staatsbahnen.

Alle Bewegungen, welche ein frei beweglicher Körper ausführen kann, sind nach den drei Hauptachsen zu zerlegen und ergeben als Bewegungskomponenten je eine geradlinige Bewegung nach jeder dieser Achsen und eine Drehbewegung um dieselben, also im ganzen sechs verschiedene, voneinander unabhängige Bewegungsarten.

Für die Untersuchung der Bewegungen des Wagenkastens werden die Hauptachsen zweckmäßig in der Fahrtrichtung und in der senkrecht dazu durch die Mitte des Wagenkastens gelegten Ebene angenommen, derart, daß die eine lotrecht, die andere wagerecht gerichtet ist. Es zeigt sich, daß die sechs durch diese Achsen bestimmten Bewegungsarten, aus denen jede beliebige Bewegung zusammengesetzt werden kann, je ihre besonderen Eigenschaften zeigen, so daß die Untersuchung der Reihe nach für die sechs Einzelbewegungen vorgenommen werden kann.

Wird dem Wagenkasten aus beliebiger Ursache, etwa durch einen Stoß auf das Drehgestell, eine Bewegung erteilt, so beschreibt derselbe Schwingungen um seine Ruhelage. Im folgenden sollen die Schwingungszeiten für die genannten Bewegungsarten einzeln bestimmt werden. Diese Schwingungszeiten sind nach den vorhergehenden Abschnitten wichtig für die Beurteilung der während der Fahrt auftretenden Bewegungen des Wagenkastens.

Fig. 11 zeigt in schematischer Darstellung die Unterstützung des Wagenkastens, wie sie der Drehgestellanordnung der preußischen Staatsbahn entspricht. Die Einzelausführung dieses Drehgestells sowie die Abmessungen sind aus Tafel I der „Sammlung von Drehgestellzeichnungen“ zu entnehmen. Den weiteren rechnerischen Ermittlungen soll als praktisches Beispiel die genannte Konstruktion zugrunde gelegt werden. Die besondere Anordnung wird unten noch näher beschrieben.

1. In der Längsrichtung des Wagens ist eine Bewegungsmöglichkeit des Wagenkastens gegenüber dem Drehgestell nicht vorhanden. Zur besonders sanften Aufnahme der Stöße in der Fahrtrichtung, welche bei scharfem Bremsen entstehen, bedarf es keiner konstruktiven Hilfsmittel, da eine Verschiebung zwischen

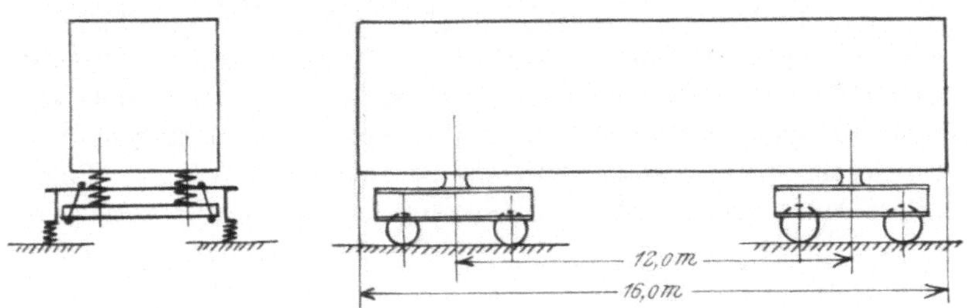

Fig. 11.

Drehgestell und Wagenkasten in der Längsrichtung viel zu gering sein würde, um den Bremsstoß wirksam vernichten zu können.

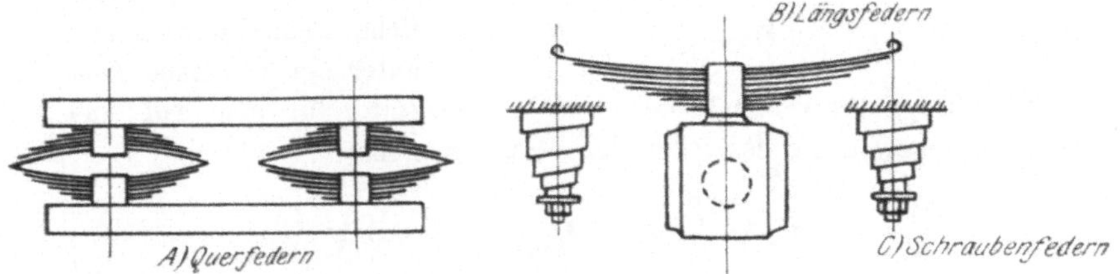

Fig. 12.

Solche Stöße werden nur dadurch vermieden, daß das Bremsen in richtiger Weise, d. h. mit richtiger Abstufung des Bremsdruckes vorgenommen wird.

2. Weiterhin sind die lotrechten Auf- und Niederbewegungen des Wagenkastens zu untersuchen. Die dreifache Federung des Wagens ist in Fig. 12 schematisch dargestellt.

Die Last des Wagenkastens beträgt etwa 34 t, für ein Drehgestell mithin 17 t. Die Durchbiegungen der Tragfedern unter dieser Last sind:

A. Querfedern	0,13 m,
B. Längsfedern	0,07 „
C. Schraubenfedern	0,02 „
zusammen:	0,22 m.

Die lotrechten Schwingungen des durch die dreifache Federung unterstützten Wagenkastens können so aufgefaßt werden, als ob nur eine Feder von der Gesamtdurchbiegung von 0,22 m vorhanden wäre, da die Masse des Drehgestellrahmens praktisch vernachlässigt werden kann. Ein Zwischenglied, wie der Drehgestellrahmen, könnte nämlich nur dann Eigenschwingungen ausführen, wenn dasselbe bei Beschleunigung und Verzögerung in lotrechtem Sinne Massenkräfte entwickeln würde, welche ihrerseits zu Durchbiegungen der Tragfedern Anlaß geben. Diese Massenkräfte aber kommen in vorliegendem Falle praktisch nicht in Betracht.

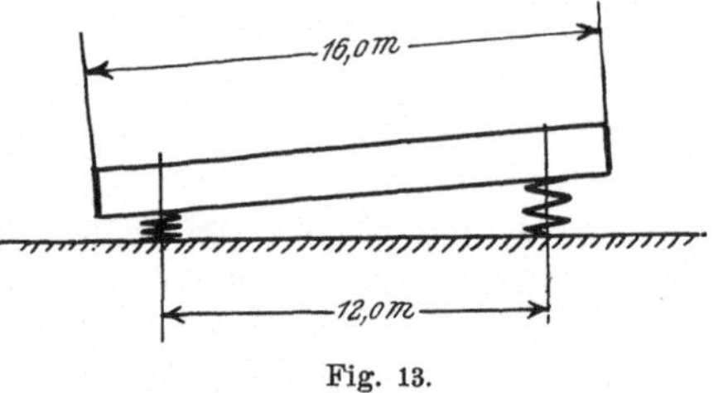

Fig. 13.

Ist $\mathfrak{M}$ die Masse des Wagenkastens, K die Spannkraft der Tragfeder bei der Durchbiegung eins, f die tatsächliche Federdurchbiegung unter der ruhenden Last $G = \mathfrak{M} . g$ des Wagenkastens, so ist die Zeit t für eine Auf- und Abwärtsbewegung des federnden Wagenkastens:

$$t = 2\pi \sqrt{\frac{\mathfrak{M}}{K}} = 2\pi \sqrt{\frac{G}{g . K}} = 2\pi \sqrt{\frac{f}{g}} .$$

Setzt man hierin $f = 0{,}22$ m, so erhält man $t = 0{,}94$ sec.

3. Im Zusammenhang damit können die Schwingungen betrachtet werden, welche der Wagenkasten um eine wagerechte Querachse ausführt. Diese Querachse kann, wenn man die Höhenausdehnung des Wagenkastens praktisch außer acht läßt, als durch seinen Schwerpunkt gehend angenommen werden. Diese Schwingungen erfolgen gleichfalls ausschließlich unter der Einwirkung der Tragfedern in lotrechtem Sinne, und zwar in der Weise, daß die Tragfeder des einen Drehgestells sich zusammendrückt, die des andern sich um das gleiche Maß streckt, so daß bei beiden eine gleich große Kraft in entgegengesetzter Richtung wirkt (Fig. 13).

Um die Schwingungszeit hierfür zu berechnen, werde der Trägheitsradius des Wagenkastens für die wagerechte Querachse durch den Schwerpunkt entsprechend dem einer gleichmäßig mit Masse behafteten Stange von 16,0 m Länge zu

$$r = \sqrt{\frac{16^2}{12}} = 4{,}6 \text{ m angenommen.}$$

Der Abstand der Drehzapfen betrage 12,0 m, der Hebelarm der Rückstellkraft bezogen auf die Drehachse also:

$$a = 6{,}0 \text{ m}.$$

Ferner sei D das rückstellende Moment für den Winkelausschlag eins des Wagenkastens, also für den linearen Ausschlag der Drehgestellzapfen:

$$x = a = 6{,}0 \text{ m}.$$

Alsdann ist:

$$t = 2\pi \sqrt{\frac{J}{D}} = 2\pi \sqrt{\frac{\mathfrak{M} \cdot r^2}{2K \cdot a^2}}.$$

Die tatsächliche Durchbiegung der Tragfedern eines Drehgestells unter der ruhenden Last $\frac{G}{2}$ ist:

$$f = 0{,}22 \text{ m},$$

also die Federspannung bei der Durchbiegung eins:

$$K = \frac{G}{2 \cdot 0{,}22}.$$

Daraus folgt:

$$t = 2\pi \sqrt{\frac{G r^2 \cdot 2 \cdot 0{,}22}{2G \cdot g \cdot a^2}} = 2\pi \frac{r}{a} \sqrt{\frac{0{,}22}{9{,}81}},$$

$$t = 2\pi \frac{4{,}6}{6{,}0} \sqrt{\frac{0{,}22}{9{,}81}} = 0{,}72 \text{ sec}.$$

Die unter 2. und 3. betrachteten Arten von Schwingungen treten bei solchen primären Störungen auf, welche in lotrechtem Sinne auf die Radsätze wirken. Solche Stöße entstehen infolge von Unebenheiten der Schienenbahn, insbesondere an den Laschenverbindungen. Der Zeitabstand der Stöße an den Verlaschungen ist bei einer Fahrgeschwindigkeit von 100 Std./km oder von 27,8 m/sec und bei einer Schienenlänge von 12,0 m:

$$t = \frac{12{,}0}{27{,}8} = 0{,}43 \text{ sec}.$$

Indes vermögen diese Stöße, da sie nur kurz und ruckweise erfolgen, also von dem Verlauf einer Sinuslinie sehr stark abweichen, den Wagenkasten, welcher eine kleinste Schwingungszeit von 0,72 sec in lotrechtem Sinne besitzt, nicht zum Mitschwingen zu veranlassen. Alle anderen primären Störungen infolge von Unebenheiten in der Schienenbahn sind erheblich kürzer, entsprechen also noch höheren Frequenzzahlen als die genannten, sind daher noch weniger geeignet, sekundäre Schwingungen des Wagenkastens hervorzurufen.

Bei geringerer Fahrgeschwindigkeit ist der mit den primären Störungsbewegungen verbundene Beschleunigungsdruck geringer als bei größerer Fahrgeschwindigkeit. Die Erfahrung zeigt, daß starke sekundäre Schwingungen in lotrechtem Sinne bei keiner Fahrgeschwindigkeit auftreten. Zu deren Vermeidung trägt auch die oben erwähnte dämpfende Wirkung der geschichteten Blattfedern infolge der inneren Reibung bei. Eine Vergrößerung der Durchbiegung der Tragfedern über das bisher übliche Maß dürfte keinen erheblichen Nutzen bringen. Eine weitere Untersuchung der lotrechten Schwingungen erscheint also nicht erforderlich.

4. und 5. Anders verhalten sich die Schwingungen, bei denen die Lenkeraufhängung der Wiege wirksam ist. Von diesen müssen die wagerecht hin und her gehenden und die um die Längsachse des Wagenkastens drehenden im Zusammenhang miteinander betrachtet werden. Denn infolge der eigenartigen Beschaffenheit der Wagenkastenunterstützung beeinflussen sich diese beiden Arten von Schwingungen derart, daß keine von ihnen in reiner Form auftreten kann.

Die Konstruktion des Drehgestells ermöglicht eine seitliche Nachgiebigkeit der Wagenkastenunterstützung in doppeltem Sinne. Dieselbe wird nämlich einerseits hervorgerufen durch die Lenkeraufhängung der Wiege (Fig. 14), andererseits durch die Möglichkeit ungleicher Durchbiegung der beiderseitigen Tragfedern, durch welche die Wirkung eines Federgelenkes erzielt wird (Fig. 15).

Für die erstere, bei der nur die Wiege wirksam ist, liegt der Drehpol im Schnittpunkt der Lenkerrichtungen. Bei Ausschlägen verschiebt sich der Drehpunkt etwas in wagerechtem Sinne, da die Lenker ihre Richtung ändern. Der Punkt P_1, welcher mit dem Wagenkasten starr verbunden gedacht ist, hebt sich daher etwas, ohne aber seitliche Bewegungen auszuführen. Wenn daher die zweite Bewegungsmöglichkeit in der Querebene, das Federgelenk, fehlte, so wäre ein Punkt vorhanden, welcher unter der Einwirkung eines Seitenstoßes auf das Drehgestell nicht nachgeben kann, nämlich der Punkt P_1 des Wagenkastens. Würde man in diesem Punkte einen Schwingungsmesser anbringen, so zeichnete derselbe alle Seitenbewegungen des Drehgestelles auf, ohne daß dieselben durch seitliche Nachgiebigkeit gemildert würden. Da dieser Punkt gemäß Fig. 14 nahe der Wagendecke liegt, so wäre in den benachbarten Punkten, also für alle Punkte der Wagendecke, die Nachgiebigkeit äußerst gering. Die Folge wäre ein in seitlicher Richtung hartes Fahren. Da ferner ein Teil der Masse des Wagenkastens bei Seitenstößen auf das Drehgestell nicht nachgeben könnte, so würden durch

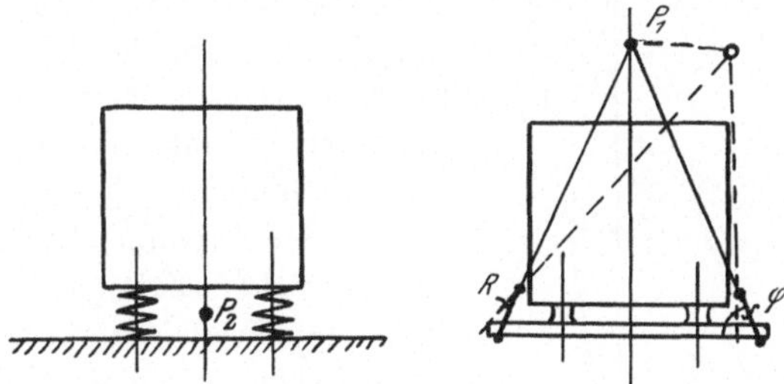

Fig. 14 und 15.

die Erschütterungen, welche von diesem Teil der Masse auf das Gleis übertragen werden, die Spurkränze und Schienen eine starke Beanspruchung erfahren.

Hieraus ergibt sich der Vorteil der zweiten Bewegungsmöglichkeit des Wagenkastens in der Querebene, welche durch das Federgelenk gebildet wird. Der Drehpol P_2 dieser Bewegungen liegt in der Mitte zwischen den Tragfedern (Fig. 15). Mit genügender Genauigkeit kann hierfür die Mitte des Wiegebalkens angenommen werden.

Jeder der beiden Pole P_1 und P_2 kann eine Drehbewegung um den andern Pol ausführen. Es gibt also, wenn beide Drehbewegungen möglich sind, keinen Punkt des Wagenkastens mehr, welcher die Seitenbewegungen des Drehgestelles ungemildert aufzunehmen hätte.

Für die weitere Untersuchung kann der Wagenkasten durch ein ebenes, mit Masse behaftetes System ersetzt werden, indem man sich seine Masse in einen Querschnitt, der etwa durch einen Drehgestellzapfen gelegt ist, vereinigt denkt. Die zu untersuchenden Bewegungen spielen sich in der Ebene dieses Querschnitts ab.

Die Drehbewegungen um die Einzelpole P_1 und P_2 werden nun niemals einzeln, sondern stets gemeinsam auftreten, da sie sich dynamisch gegenseitig beeinflussen. Für jede Bewegung aber, welche sich aus einer Drehung um zwei Einzelpole zusammensetzt, ist ein resultierender Drehpol P vorhanden, welcher auf der Verbindungslinie $P_1 - P_2$ innerhalb oder außerhalb dieser beiden Punkte liegt. Die Lage dieses resultierenden Poles P kann bestimmt werden, wenn Größe und Drehsinn der Bewegungen um die Einzelpole bekannt sind, indem man nach Fig. 16 die Gerade $P_1 - P_2$ in der vorgeschriebenen Weise dreht und ihren Schnittpunkt mit der ursprünglichen Geraden $P_1 - P_2$ ermittelt. Dieser Schnittpunkt ist der resultierende Pol P. Erfolgen beide Einzeldrehungen in gleichem Sinne, so liegt P zwischen P_1 und P_2; sind die Drehungen entgegengesetzt, so liegt derselbe außerhalb.

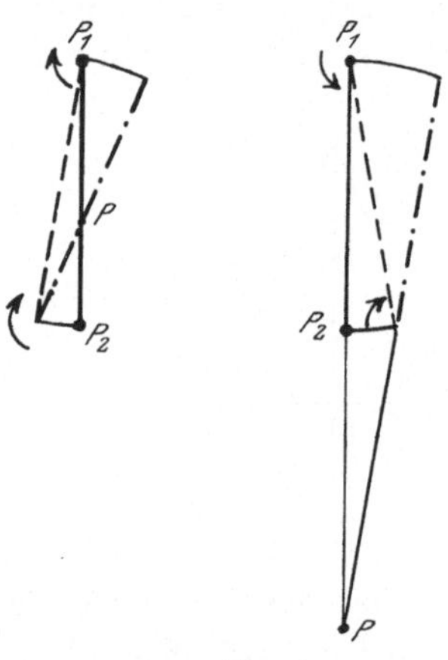

Fig. 16.

Das Verhältnis der Einzeldrehungen um P_1 und P_2 ist nun nicht bekannt. Dasselbe kann unter der Voraussetzung, daß der aus seiner Ruhelage abgelenkte Körper, d. h. der Wagenkasten, unter dem ausschließlichen Einfluß seiner Schwere Schwingungen ausführt, nach den Gesetzen der Dynamik bestimmt werden, mithin also auch die Lage des resultierenden Poles P.

Das dynamische Grundgesetz, das d'Alembertsche Prinzip, besagt, daß für jede Bewegung eines Körpers die Resultierende aller Kräfte und Momente einschließlich der durch Massenbeschleunigungen hervorgerufenen gleich Null sein muß.

Die nachfolgende Untersuchung, welche mit Hilfe dieses Gesetzes vorgenommen wird, führt zu dem Ergebnis, daß zwei resultierende Drehpole P' und P'' vorhanden sind, für welche die genannte Bedingung erfüllt ist. Die Schwingungen um diese Pole können also mit den ihnen eigentümlichen Frequenzzahlen einzeln oder gleichzeitig auftreten, ohne sich gegenseitig zu beeinflussen

Für die Anwendung des d'Alembertschen Prinzipes auf die Bewegungen des Wagenkastens werde folgendes bemerkt:

Als Pol einer beliebigen Drehbewegung ist derjenige Punkt anzusehen, in welchem die Bewegung gleich Null ist. Der Beschleunigungspol ist der Punkt, in welchem die Beschleunigung gleich Null ist. Der resultierende Pol einer Schwingungsbewegung muß nun zugleich Drehpol und Beschleunigungspol sein. Nun ist bezüglich des Poles P_1 einer Einzeldrehung oben darauf hingewiesen, daß derselbe nach erfolgter Ablenkung kleine Bewegungen in lotrechtem Sinne ausführt. Diese kleinen Hebungen und Senkungen sind von Einfluß auf die Arbeit der Schwerkraft, mithin auch auf die Größe der Mittelstellkraft bei einer Ablenkung des Systems aus der Mittellage. Sie sind aber, solange die Bewegungen klein sind, ohne Einfluß auf die Massenträgheit des Körpers bei einer Drehbewegung und auf die für seine Beschleunigung aufzuwendenden Kräfte und Momente. Das gleiche gilt für die resultierenden Pole P' und P''. Es können also, wenn die Hebungen und Senkungen des Körpers für die Ermittlung seiner Massenträgheit unberücksichtigt bleiben, auch die in lotrechter Richtung auf denselben wirkenden Beschleunigungskräfte vernachlässigt werden.

Die Bedingung des d'Alembertschen Prinzipes, daß die Resultierende aller Kräfte einschließlich der Massenbeschleunigungskräfte gleich Null sein muß, ist also nur auf die wagerechten Kräfte anzuwenden, da die lotrechten Beschleunigungskräfte unberücksichtigt bleiben können. Die Gleichung lautet mithin nunmehr in vereinfachter Form: Summe der Horizontalkomponenten aller Kräfte einschließlich der Horizontalkomponenten der Beschleunigungskräfte gleich Null. In dieser Form werde dieselbe in den folgenden Berechnungen verwendet.

Die Berechnung der Lage von P' und P'' erfolgt in der Weise, daß man eine Drehung des Systems um einen zunächst nicht näher bestimmten Punkt P der Verbindungslinie P_1—P_2 vornimmt und auf die unter dem Einfluß der Schwere erfolgende Rückbewegung die oben genannten Bedingungsgleichungen anwendet:

I. Summe aller äußeren Drehmomente plus Summe aller Beschleunigungsmomente bezogen auf einen beliebigen Punkt gleich Null oder

$$\Sigma M = 0.$$

II. Summe der Horizontalkomponenten aller äußeren Kräfte plus Summe der Horizontalkomponenten aller Beschleunigungskräfte gleich Null oder

$$\Sigma K = 0.$$

Aus beiden Gleichungen können einerseits die Lagen der resultierenden Drehpole, andererseits die Schwingungszeiten bestimmt werden.

In Fig. 17 bezeichnet z die Entfernung des einstweilig angenommenen Poles P vom Schwerpunkt S des beweglichen Systems. Ihre Größe ist zu berechnen. Die angenommene Lage von P zwischen P_1 und P_2 ist für das Resultat in keiner Weise bindend, da die Gleichungen für jeden Wert von z gelten.

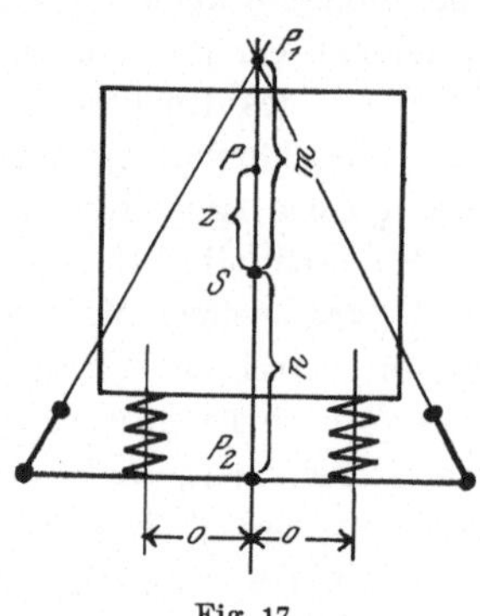

Fig. 17.

Die Strecken $SP_1 = m$, $SP_2 = n$ sowie der Abstand o der Federachsen von P_2, ferner die Durchbiegung f der Tragfedern unter der ruhenden Last und der Krümmungsradius ϱ der Punktbahn von P_2 sind als bekannte Größen zu betrachten. Der Körper beschreibe um den Pol P die Winkeldrehung w, seine Winkelgeschwindigkeit sei

$$\omega = \frac{dw}{dt}.$$

I. Zur Aufstellung der Momentengleichung für die Bewegung des Körpers werden alle Momente auf den Drehpunkt P dieser Bewegung bezogen.

Für die Berechnung der Momente der äußeren Kräfte, welche auf den Wagenkasten wirken, zerlege man die Drehung um P in die beiden Einzeldrehungen um P_1 und P_2 (Fig. 18) und berechne für beide die rückstellenden Kräfte und ihre Momente bezogen auf P. Die Winkelausschläge sind:

$$w_1 = w\,\frac{n+z}{m+n}; \quad w_2 = w\,\frac{m-z}{m+n}.$$

Die Summe beider ergibt w.

Um die Rechnung zu vereinfachen, wird zunächst die nicht zutreffende Annahme gemacht, die Schwerkraft greife in P_2 statt im Schwerpunkte S an. Die entsprechende Korrektur wird nachträglich (unter C) vorgenommen, in der Weise, daß das Kräftepaar mit der Kraft G und einem Hebelarm gleich der wagerechten Verschiebung von S gegen P_2 zu den Momenten der äußeren Kräfte hinzugefügt wird.

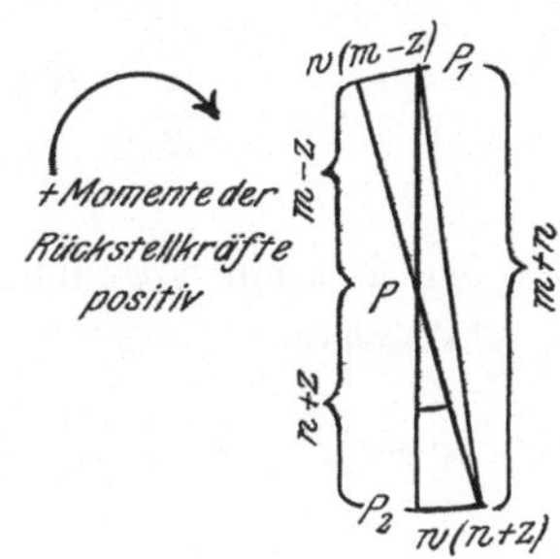

Fig. 18.

A. Drehung um P_1.

Der Krümmungsradius ϱ der Bahn des Punktes P_2 ist nach Fig. 19 wie folgt näherungsweise zu berechnen.

Der Wiegebalken möge sich um das Maß x nach links verschieben, seine wagerechte Projektion bleibe unverändert. Dann wird der Punkt a sich um das Maß y_1 heben, der Endpunkt b sich um y_2 senken. Die Hebung von P_2 ist:

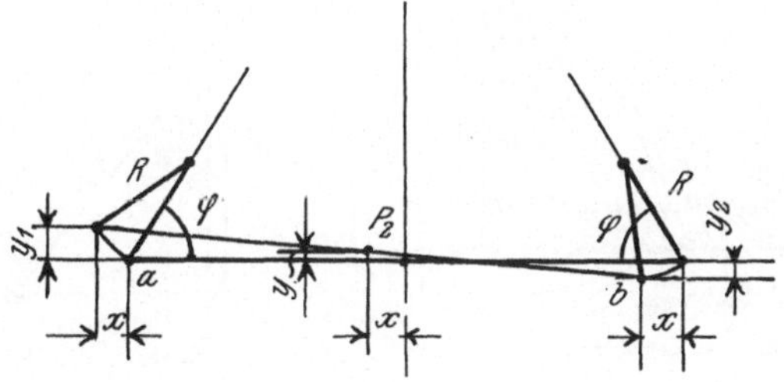

Fig. 19.

$$y = \frac{y_1 - y_2}{2}.$$

Die Größen y_1 und y_2 sind aus Fig. 20 zu berechnen. Aus der Ähnlichkeit der schraffierten Dreiecke folgt:

$$\frac{y_1}{x} = \frac{f}{c} = \frac{R\cos\varphi + \frac{x}{2}}{R\sin\varphi - \frac{x}{2}\cdot\operatorname{cotg}\varphi}.$$

Ebenso ist bei negativem x

$$\frac{y_2}{x} = \frac{R\cos\varphi - \frac{x}{2}}{R\sin\varphi + \frac{x}{2}\operatorname{cotg}\varphi},$$

$$y = \frac{y_1 - y_2}{2} = \frac{x}{2} \cdot \left(\frac{R\cos\varphi + \frac{x}{2}}{R\sin\varphi - \frac{x}{2}\operatorname{cotg}\varphi} - \frac{R\cos\varphi - \frac{x}{2}}{R\sin\varphi + \frac{x}{2}\operatorname{cotg}\varphi} \right),$$

$$y = \frac{x}{2} \cdot \frac{R x \sin\varphi + R x \operatorname{cotg}\varphi \cos\varphi}{R^2 \sin^2\varphi - \frac{x^2}{4}\operatorname{cotg}^2\varphi}.$$

Ist x klein gegenüber R, so kann das quadratische Glied von x gegenüber demjenigen von R vernachlässigt werden, also:

$$y = \frac{x^2}{2} \cdot \frac{\sin\varphi + \operatorname{cotg}\varphi\cos\varphi}{R\sin^2\varphi} = \frac{x^2}{2} \cdot \frac{\sin^2\varphi + \cos^2\varphi}{R\sin^3\varphi},$$

$$y = \frac{x^2}{2R\sin^3\varphi}.$$

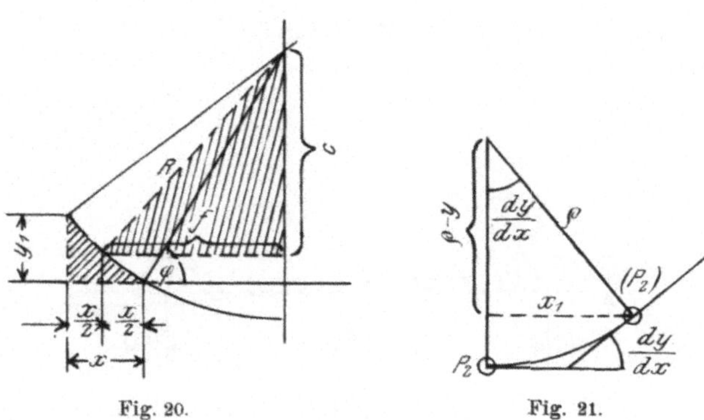

Fig. 20. Fig. 21.

Ist ϱ der Bahnradius von P_2, so kann man nach Fig. 21 setzen:

$$\frac{x_1}{\varrho} = \frac{dy}{dx_1},$$

also:

$$\frac{x_1}{\varrho} = \frac{2x_1}{2R\sin^3\varphi} = \frac{x_1}{R\sin^3\varphi},$$

$$\varrho = R\sin^3\varphi.$$

Der Wert ϱ ist maßgebend für die Rückstellkraft, welche auf eine in P_2 angebrachte Masse bei der Ablenkung wirkt. Denn bezeichnet man den wagerechten Ausschlag von P_2 mit x_1, so ist nach Fig. 21 die wagerechte Komponente der in (P_2) angreifenden senkrechten Last G:

$$K_1 = G \cdot \frac{dy}{dx} = G \cdot \frac{x_1}{\varrho - y} \sim G \cdot \frac{x_1}{\varrho}.$$

Nach Fig. 18 ist ferner:

$$x_1 = w(n + z),$$

also:

$$K_1 = \frac{G w (n + z)}{\varrho}.$$

Das Moment von K_1 bezogen auf P ist:

$$\text{(I A)} \qquad M_1 = \frac{G w (n + z)}{\varrho} \cdot (n + z) = \frac{G w (n + z)^2}{\varrho}.$$

Das Moment ist nach Fig. 18 rechtsdrehend.

B. Drehung um P_2.

Bei der Drehung w_2 um P_2 ist die Federung als rückstellende Kraft wirksam. Die Verlängerung bezw. Verkürzung ist nach Fig. 17 und 18:

$$\delta = o \cdot w_2 = \frac{o \,.\, w (m - z)}{m + n}.$$

Die dadurch entstehende Spannkraft einer Feder ist $\frac{\delta}{\varphi}$, wenn φ die Durchbiegung unter der Lasteinheit bezeichnet, oder $\frac{\delta \cdot \frac{G}{2}}{f}$, wenn f die Durchbiegung unter der ruhenden Last $\frac{G}{2}$ ist:

$$\text{(I B')} \qquad \frac{2\delta \cdot \frac{G}{2}}{f} \cdot o = G w \cdot \frac{o^2}{f} \cdot \frac{m - z}{m + n} = M_2'.$$

M_2' ist bei der Ablenkung nach Fig. 18 gleichfalls rechtsdrehend.

Damit ist das rückstellende Moment für die Drehung w_2 um P_2 indes noch nicht erschöpft. Denn infolge der auf den Wiegebalken wirkenden ungleichen Federdrucke erhält dieser eine wagerechte Kraft, da die in den Gehängen wirkenden ungleichen Kräfte eine wagerechte Komponente besitzen. Nach Fig. 22 erhält der Lenker auf der Seite der entlasteten Feder eine zusätzliche Druckkraft, der andere eine vermehrte Zugkraft.

Die Federspannkräfte, welche auf den Wiegebalken wirken, haben ein Moment M_2', das oben ermittelt ist. Da P_1 der Drehpunkt des Wiegebalkens ist, wirkt auf diesen infolge des Momentes M_2' eine wagerechte Kraft:

$$K_2'' = \frac{M_2'}{m + n}.$$

Das Moment dieser Kraft bezogen auf P ist bei der angenommenen Ablenkung nach Fig. 18 linksdrehend, also negativ einzusetzen. Es ist:

$$M_2'' = -K_2 (n + z) = -\frac{M_2' (n + z)}{m + n},$$

$$\text{(I B'')} \qquad M_2'' = -G w \cdot \frac{o^2}{f} \cdot \frac{(m - z) \cdot (n + z)}{(m + n)^2}.$$

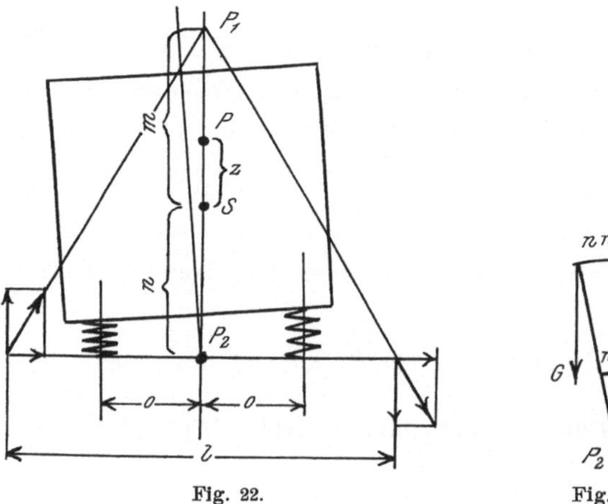

Fig. 22. Fig. 23.

C. Verlegung des Angriffspunktes für G von P_2 nach S.

Hierfür kommt ausschließlich die tatsächliche Winkeldrehung des Wagenkastens, nicht die Verschiebung von P_2 in Betracht. Die Winkeldrehung ist w. Das durch die Verlegung der Schwerkraft nach S hervorgerufene Moment ist linksdrehend (Fig. 23), also negativ, und zwar ist:

$$\text{(I C)} \qquad M_3 = -G w \,.\, n.$$

Eine Horizontalkraft K_3, d. h. eine von außen auf den Wagenkasten wirkende Kraft, tritt hierbei nicht auf, da die Lenker und Federn in ihrer Stellung unverändert bleiben, also damit auch die Reaktionen in den Aufhängepunkten.

D. Massenbeschleunigung.

Die Winkelbeschleunigung der Masse ist bei der Winkelgeschwindigkeit ω gleich $\frac{d\omega}{dt}$. Als Beschleunigungspol kann nach obigem P angenommen werden, da die kleinen Vertikalbewegungen dieses Punktes nicht in Betracht kommen. Die schwingende Masse erfährt bei jedem Ausschlag eine Verzögerung, d. h. eine Beschleunigung gegen die Ruhelage hin, das Beschleunigungsmoment ihrer Masse wirkt also im Sinne der Ablenkung, mithin nach Fig. 18 negativ. Bezeichnet man das Trägheitsmoment mit J, so ist:

$$M_4 = -J \cdot \frac{d\omega}{dt}.$$

Bezeichnet J_0 das Trägheitsmoment der Masse bezogen auf ihren Schwerpunkt S, so kann J dargestellt werden durch:

$$J = J_0 + \frac{G}{g} \cdot z^2.$$

Ist ferner r der Trägheitsradius der Masse bezogen auf S, so ist:

$$J = \frac{G}{g}(r^2 + z^2),$$

mithin:

(I D)
$$M_4 = -\frac{G}{g}(r^2 + z^2)\frac{d\omega}{dt}.$$

Die Momentengleichung (I) $\Sigma M = 0$ lautet also hiernach:

(I)
$$\Sigma M = M_1 + M_2' + M_2'' + M_3 + M_4 = 0$$

oder

$$\frac{Gw(z+n)^2}{\varrho} + Gw \cdot \frac{o^2}{f} \cdot \frac{m-z}{m+n} - Gw \cdot \frac{o^2}{f} \cdot \frac{(m-z).(n+z)}{(m+n)^2} - $$
$$- Gw.n = \frac{G}{g}(r^2 + z^2)\frac{d\omega}{dt}.$$

Der Ausdruck $\frac{w}{\frac{d\omega}{dt}}$, welcher die von der Bewegung des Körpers abhängigen unbekannten Werte enthält, werde mit u bezeichnet. Durch Einsetzung dieses Wertes werden w und $\frac{d\omega}{dt}$ aus der Gleichung eliminiert. Die Gleichung lautet somit:

$$\text{(I)}\quad G \cdot \left[\frac{(z+n)^2}{\varrho} + \frac{o^2}{f} \cdot \frac{(m-z).(m+n-n-z)}{(m+n)^2} - n\right] = \frac{G\,(r^2+z^2)}{u\,g}.$$

$$\Vert\text{(I)}\qquad \frac{(z+n)^2}{\varrho} + \frac{o^2}{f} \cdot \frac{(m-z)^2}{(m+n)^2} - n = \frac{r^2+z^2}{u\,g}.$$

II. Die zweite Bedingungsgleichung lautet:

$$\Sigma K = 0,$$

worin ΣK die Summe aller Horizontalkräfte bezeichnet.

Nach obigem (I A) ist:

$$\text{(II A)}\qquad K_1 = \frac{G\,w\,(z+n)}{\varrho}.$$

Die Tragfedern üben keine Horizontalkräfte aus, also:

$$\text{(II B')}\qquad K_2' = 0.$$

Die Horizontalkraft im Wiegebalken infolge der Drehung um P_2 ist oben ermittelt zu:

$$\text{(II B'')}\qquad K_2'' = \frac{M_2'}{m+n} = G\,w \cdot \frac{o^2}{f} \cdot \frac{m-z}{(m+n)^2}.$$

Sie ist bei der Drehung nach Fig. 18 und 22 entgegen K_1 nach rechts gerichtet, also negativ.

Ferner ist:

$$\text{(II C)}\qquad K_3 = 0,$$

wie ebenfalls oben ermittelt.

K_4, die Beschleunigungskraft der Masse, greift im Schwerpunkt an, und zwar ist:

$$\text{(II D)}\qquad K_4 = \frac{G}{g} \cdot \frac{d\,v}{d\,t} = \frac{G}{g} \cdot \frac{d\,\omega}{d\,t} \cdot z = \frac{G\,w\,.\,z}{g \cdot \frac{w}{\frac{d\,\omega}{d\,t}}} = \frac{G\,w\,.\,z}{u\,g}.$$

Sie wirkt, da die Beschleunigung gegen die Ruhelage hin erfolgt, im Sinne der Ablenkung, also negativ.

Gleichung (II) lautet somit:

$$\text{(II)}\qquad \Sigma K = K_1 + K_2' + K_2'' + K_3 + K_4 = 0,$$

$$G\,w \cdot \frac{z+n}{\varrho} - G\,w \cdot \frac{o^2}{f} \cdot \frac{m-z}{(m+n)^2} - G\,w \cdot \frac{z}{u\,g} = 0,$$

$$\Vert\text{(II)}\qquad \frac{z+n}{\varrho} - \frac{o^2}{f} \cdot \frac{m-z}{(m+n)^2} = \frac{z}{u\,g}.$$

Aus den Gleichungen (I) und (II) können die Unbekannten z und u bestimmt werden.

Aus der Größe $u = \frac{w}{\frac{d\omega}{dt}}$ ist die Schwingungsdauer der Masse abzuleiten. Diese ist nämlich allgemein für ein physisches Pendel:

$$t = 2\pi \sqrt{\frac{J}{D}},$$

wenn D das rückdrehende Moment für den Ausschlagwinkel eins bezeichnet. Das Drehmoment wird dem Ausschlagwinkel proportional gesetzt. Ist also D' das Moment für den Ausschlagwinkel w, so ist:

$$D' = D \,.\, w.$$

Ferner gilt allgemein die Gleichung:

$$\text{Winkelbeschleunigung} = \frac{\text{Drehmoment}}{\text{Trägheitsmoment}},$$

$$\frac{d\omega}{dt} = \frac{D'}{J} = \frac{D\,w}{J}.$$

Der Wert u ist:

$$u = \frac{w}{\frac{d\omega}{dt}} = \frac{J}{D}.$$

Man erhält also für die Schwingungsdauer ganz allgemein den Ausdruck:

(III) $$t = 2\pi \sqrt{u}.$$

Die Auflösung der Gleichungen (I), (II) und (III) nach z und t erfolgt zweckmäßig nach Einsetzung von Zahlenwerten für die darin enthaltenen Größen m, n, o, f, ϱ und r.

Der Berechnung soll wieder das oben genannte Beispiel, das Drehgestell der preußischen Staatsbahnen, Tafel I der „Sammlung von Drehgestellzeichnungen", zugrunde gelegt werden. Dabei werden die seitlichen Pufferfedern der Wiege, die in obiger Ableitung nicht berücksichtigt sind, deren Wirkung auf die Schwingungsdauer auch ohnehin nicht groß ist, weil sie sehr schwach sind, als nicht vorhanden angesehen.

Die Wiege hat folgende Abmessungen (vergl. Fig. 24):

$a = 1420$ mm.
$b = 1530$ „
$c = 280$ „
$d = 580$ „

(Alle Längenmaße sind in Metern auszudrücken. Um Verwechslungen zu vermeiden, soll die Bezeichnung der Meter mit m weiterhin fortgelassen werden.)

Bezeichnet man die Neigungswinkel der Lenker gegen die Horizontale mit φ, so ist:

$$\cos\varphi = \frac{b-a}{2c} = \frac{0{,}110}{0{,}560} = 0{,}196,$$

mithin:

$$\sin\varphi = \sqrt{1-0{,}196^2} = 0{,}980.$$

Der Bahnradius von P_2 ist:

$$\varrho = c\sin^3\varphi = 0{,}28\cdot 0{,}98^3 = 0{,}263 \sim 0{,}26.$$

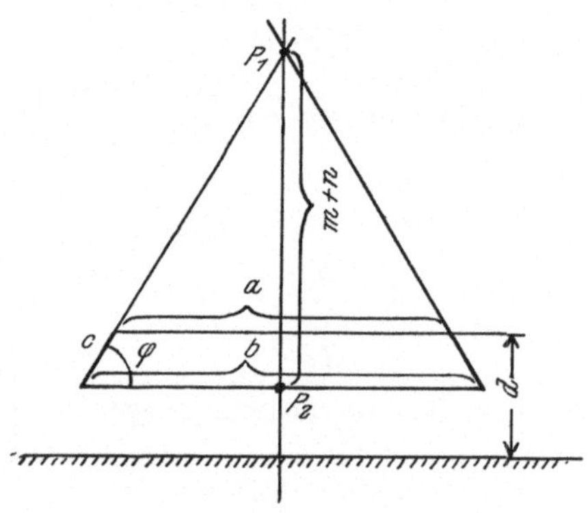

Fig. 24.

Ferner ist der Abstand $m+n$ zwischen den Polen P_1 und P_2:

$$m+n = c\sin\varphi\cdot\frac{b}{b-a} = 0{,}274\cdot\frac{1{,}530}{0{,}110} = 3{,}81 \sim 3{,}8.$$

Die Höhenlage des Schwerpunktes S über dem Gleis wird zu 1,8 angenommen, für die Größe m und n erhält man also die Werte:

$$m = 3{,}81 - 1{,}494 = 2{,}316 \qquad \sim 2{,}3,$$
$$n = 1{,}8 - 0{,}58 + 0{,}274 = 1{,}494 \sim 1{,}5.$$

Der Abstand o der Federn von der Drehgestellmitte beträgt für die Wiegenfedern:

$$\frac{1{,}53}{2} = 0{,}765,$$

für die Seitenfedern 0,96.

In obiger Ableitung ist den schematischen Darstellungen Fig. 17 und 22, die Lage der Federn auf dem Wiegebalken zugrunde gelegt. Indes bedingt diese Lage nicht die Gültigkeit der entwickelten Gleichungen. Für die weitere Rechnung können die Federn auf der Wiege und über den Achsbüchsen zusammengefaßt werden.

Der mittlere Abstand derselben von der Drehgestellmitte wird zu

$$o = 0{,}8$$

angenommen.

Die gesamte Durchbiegung der Tragfedern beträgt

$$f = 0{,}22.$$

Die Größe r, der Trägheitsradius der Wagenkastenmasse bezogen auf die Schwerachse, kann nur schätzungsweise bestimmt werden. Mit Rücksicht darauf, daß der größte Teil des Gewichtes in den Umfassungswänden und im Wagenboden vereinigt ist, soll der Trägheitsradius zu

$$r = 1{,}0$$

angenommen werden.

Nach Einsetzung der genannten Zahlenwerte in die Gleichungen (I) und (II) erhält man:

$$\text{(I)} \qquad \frac{(z+1{,}5)^2}{0{,}26} + \frac{0{,}8^2}{0{,}22} \cdot \frac{(z-2{,}3)^2}{3{,}8^2} - 1{,}5 = \frac{1+z^2}{u \,.\, 9{,}81} \cdot$$

$$\text{(II)} \qquad \frac{z+1{,}5}{0{,}26} + \frac{0{,}8^2}{0{,}22} \cdot \frac{2{,}3-z}{3{,}8} = \frac{z}{u \,.\, 9{,}81} \cdot$$

$$\text{(Ia)} \qquad 4{,}05\,z^2 + 10{,}62\,z + 8{,}22 = \frac{1+z^2}{u \,.\, 9{,}81} \cdot$$

$$\text{(IIa)} \qquad 4{,}05\,z + 5{,}31 = \frac{z}{u \,.\, 9{,}81} \cdot$$

$$\text{(Ia, IIa)} \quad 4{,}05\,z^3 + 10{,}62\,z^2 + 8{,}22\,z = 4{,}05\,z^3 + 5{,}31\,z^2 + 4{,}05\,z + 5{,}31,$$

$$5{,}31\,z^2 + 4{,}17\,z = 5{,}31,$$

$$z^2 + 0{,}785\,z = 1,$$

$$z = -\,0{,}393 \pm \sqrt{1{,}154} = -\,0{,}393 \pm 1{,}074.$$

$$z_1 = +\,0{,}681,$$

$$z_2 = -\,1{,}467.$$

Setzt man diese Werte in Gleichung (IIa) ein, so erhält man:

$$9{,}81\, u_1 = \frac{0{,}681}{8{,}068}, \qquad u_1 = 0{,}0086.$$

$$9{,}81\, u_2 = \frac{-1{,}467}{-0{,}61}, \qquad u_2 = 0{,}240.$$

Daraus ergeben sich für die Schwingungsdauer des Wagenkastens um P' und P'' nach Gleichung (III) die Werte:

$$t_1 = 2\pi\sqrt{0{,}0086} = 0{,}582 \text{ sec}$$

$$t_2 = 2\pi\sqrt{0{,}24} = 3{,}077 \text{ sec}.$$

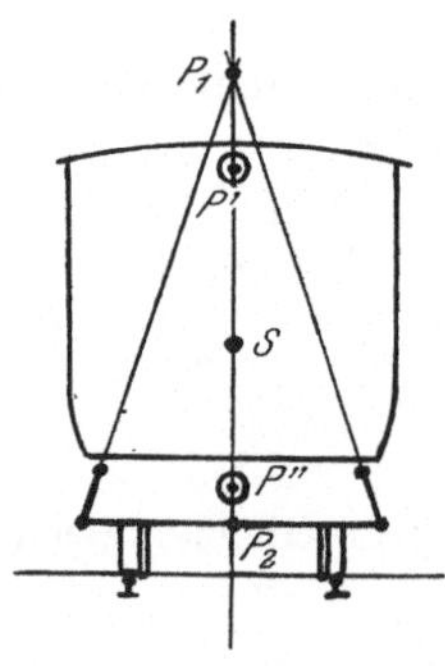

Fig. 25.

Das Ergebnis obiger Berechnung ist kurz folgendes:

Bei der Fahrt eines Drehgestellwagens treten bei hoher Fahrgeschwindigkeit, d. h. bei seitlichen Schlingerbewegungen der Drehgestelle, zwei verschiedene Arten von Schwingungen des Wagenkastens in seiner Querrichtung auf, deren jede eine besondere Schwingungszeit besitzt. Einerseits entstehen kurze, rüttelnde Bewegungen, welche starke Erschütterungen im Wagen zur Folge haben, andererseits wiegende Schwingungen, welche infolge der geringeren Beschleunigungskräfte nur bei genauer Beobachtung erkennbar sind.

Beide Schwingungen erfolgen um je eine besondere Längsachse, deren Schnittpunkte mit einer beliebigen Querebene mit P' und P'' bezeichnet wurden. Die beiden Arten von Schwingungen können einzeln oder auch gemeinsam auftreten, sind aber voneinander vollständig unabhängig.

Die dynamische Untersuchung der Schwingungsvorgänge zeigt, daß bei beiden Arten von Bewegungen sowohl die Wiege als auch das Federgelenk wirksam ist.

In Fig. 25 ist die Lage der Pole P' und P'', wie sie oben ermittelt wurde, dargestellt. Es zeigt sich, daß P' näher dem Drehpunkt P_1 der Wiegenbewegung, P'' näher dem Drehpunkt P_2 des Federgelenkes liegt. Daraus folgt, daß bei den kurzen Schwingungen mit der Schwingungszeit $t_1 = 0{,}582$ sec in erster Linie die Wiege wirksam ist, die aber infolge der auf den Pol P_1 ausgeübten Reaktionen das Federgelenk zum Mitschwingen veranlaßt, während bei der zweiten, langsam wiegenden Bewegung das Federgelenk der hauptsächlich schwingende Teil ist, bei dessen Bewegung indes der Pol P_2 infolge seiner beweglichen Lagerung zum Mitschwingen um P_1 veranlaßt wird.

Aus den beiden Einzeldrehungen um die Pole P' und P'' kann jede andere Bewegung des Wagenkastens in seiner Querebene zusammengesetzt werden. Soll beispielsweise eine einfache horizontale Querverschiebung des Wagenkastens erfolgen, so ist diese zu zerlegen in zwei gleich große und entgegengesetzte Einzeldrehungen um die beiden Längsachsen durch P' und P''. Die Rückbewegung des abgelenkten Wagenkastens erfolgt für beide Einzeldrehungen getrennt mit den ihnen eigentümlichen Schwingungszahlen. Es müssen also bei einer seitlichen Ablenkung des Wagenkastens, die nicht zufällig um eine der Polachsen durch P' und P'' erfolgt, insbesondere bei jeder parallelen Querverschiebung, notwendig beide Schwingungszeiten, die oben berechnet wurden, auftreten. Diese Schwingungszeiten sind aber auffallend ungleich, sie betragen 0,582 und 3,077 sec. Aus dieser Ungleichheit zweier Schwingungen, die in gleichartigem Sinne wirksam sein sollten, folgt, daß die eine unzweckmäßig gewählt ist.

Richtig ist nach dem im zweiten Abschnitt dargelegten die längere Schwingungszeit von ~ 3 sec, da sie zur Erzielung ruhiger Fahrt beiträgt. Ungeeignet hierfür ist dagegen die kurze Schwingungszeit von 0,58 sec. Da bei dieser kurzen Schwingung in erster Linie die Wiege wirksam ist, so folgt weiter, daß diese zu wenig nachgiebig und daher in der üblichen Form kein geeignetes Konstruktionsmittel zur Erzielung ruhiger Fahrt ist.

6. Nunmehr ist die sechste und letzte Bewegung des Wagenkastens zu untersuchen, die Drehung um die lotrechte Mittelachse. Die Schwingungen um diese Achse erfolgen in der Weise, daß die beiden in Betracht zu ziehenden Querschnitte durch die Drehgestellzapfen sich wagerecht in entgegengesetztem Sinne zueinander verschieben. Hierbei wirken neben den äußeren Kräften in den Unterstützungsgliedern auf den Wagenkasten Kräftepaare, die für den einen Querschnitt rechtsdrehend, für den andern linksdrehend sind und im Wagenkasten selbst durch dessen Drehungsfestigkeit aufzunehmen sind. Diese letzteren sind, da der Wagenkasten als starrer Körper anzusehen ist, auf die Bewegung ohne Einfluß, brauchen also nicht berücksichtigt zu werden.

Die äußeren Kräfte setzen sich zusammen aus:

A. Der Rückstellkraft K_1 der Wiege für eine seitliche Verschiebung x des Punktes P_2. Mit P_2 verschiebt sich der ganze Querschnitt des Wagenkastens durch diesen Punkt um das gleiche Maß x.

Ist ϱ der Bahnradius von P_2, $\frac{G}{2}$ die Belastung eines Drehgestelles, so ist:

$$K_1 = \frac{Gx}{2\varrho}.$$

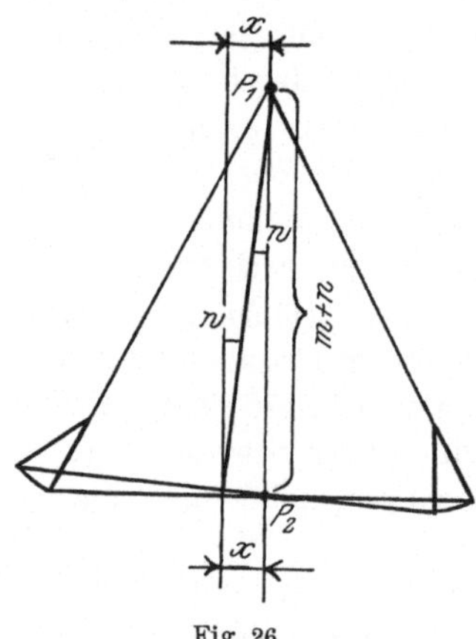

Fig. 26.

B. Der im Wiegebalken wirkenden Horizontalkraft K_2, die durch Mehrbelastung des einen Aufhängepunktes desselben und Minderbelastung des andern infolge ungleichmäßiger Federdurchbiegung entsteht. Die Winkeldrehung des Wiegebalkens gegen den Wagenkasten ist nach Fig. 26:

$$w = \frac{x}{m+n},$$

die Durchbiegung der Federn, die sich im Abstande o von P_2 befinden, also:

$$\delta = \pm\, o w = \pm \frac{o x}{m+n}.$$

Ist φ die Durchbiegung einer Tragfeder unter der Last 1, so ist bei der Durchbiegung δ die Spannkraft einer Feder gleich $\frac{\delta}{\varphi}$, das Moment beider Federspannkräfte für ein Drehgestell also:

$$M = \frac{2\delta}{\varphi} \cdot o = \frac{2 o^2 x}{\varphi (m+n)}.$$

Da auf eine Feder ein Viertel des Wagengewichtes G entfällt, so ist die Durchbiegung unter der ruhenden Last:

$$f = \varphi \frac{G}{4}, \text{ also } \varphi = \frac{4f}{G}.$$

Daraus folgt:

$$M = \frac{G x}{2} \cdot \frac{o^2}{f(m+n)}.$$

Dies auf den Wiegebalken wirkende Moment sucht denselben um seinen Drehpol P_1 zu drehen, erzeugt also eine Horizontalkraft im Wiegebalken:

$$K_2 = \frac{M}{m+n} = \frac{G x}{2} \cdot \frac{o^2}{f(m+n)^2}.$$

Die Kräfte K_1 und K_2 wirken beide auf Rückbewegung der Wiege in die Ruhelage, sind also zu addieren. Es ist:

$$K = K_1 + K_2 = \frac{G x}{2} \cdot \left(\frac{1}{\varrho} + \frac{o^2}{f(m+n)^2}\right).$$

Der Hebelarm dieser Kraft bezogen auf die lotrechte Drehachse des Wagenkastens ist gleich dem halben Abstand l der Drehgestellzapfen. Das Moment D der beiden Unterstützungen des Wagenkastens für eine Winkeldrehung desselben $w_0 = 1$ oder für einen linearen Ausschlag der Drehgestellzapfen von $x = \frac{l}{2}$ ist also:

$$D = G \cdot \left(\frac{l}{2}\right)^2 \cdot \left(\frac{1}{\varrho} + \frac{o^2}{f(m+n)^2}\right).$$

Ferner ist das Trägheitsmoment des Wagenkastens bezogen auf seine lotrechte Drehachse:

$$J = \frac{G}{g} \cdot r^2.$$

Daraus ist die Schwingungsdauer t zu berechnen nach der Formel:

$$t = 2\pi \sqrt{\frac{J}{D}} = 2\pi \sqrt{\frac{4 r^2}{g\, l^2 \cdot \left(\frac{1}{\varrho} + \frac{o^2}{f(m+n)^2}\right)}} =$$

$$= \frac{4\pi \,.\, r}{l} \sqrt{\frac{1}{g \cdot \left(\frac{1}{\varrho} + \frac{o^2}{f(m+n)^2}\right)}}.$$

Für das bereits oben besprochene Drehgestell der preußischen Staatsbahnen ist:

$$\varrho = 0{,}26,$$
$$o = 0{,}8,$$
$$f = 0{,}22,$$
$$m + n = 3{,}8.$$

Ferner soll l zu 12,0 und r zu 4,6 angenommen werden. Hierbei erhält man eine Schwingungsdauer:

$$t = \frac{4\pi \,.\, 4{,}6}{12{,}0} \sqrt{\frac{1}{9{,}81\left(\frac{1}{0{,}26} + \frac{0{,}8^2}{0{,}22 \,.\, 3{,}8^2}\right)}} = 0{,}7645 \text{ sec.}$$

Auch diese Schwingungszeit ist mit Rücksicht auf die störenden Schlingerbewegungen des Drehgestells, deren Schwingungszeit bis 0,7 sec beträgt, als zu kurz zu bezeichnen. Durch Anordnung einer wesentlich nachgiebigeren Wiegenvorrichtung kann sie ebenso wie die unter 4. und 5. berechnete Schwingungszeit $t = 0{,}582$ sec auf das zur Erzielung ruhiger Fahrt erforderliche Maß erhöht werden.

Die vorstehenden Berechnungen lassen erkennen, daß die für den Lauf des Wagens am meisten in Betracht zu ziehenden Bewegungen in der Querrichtung stattfinden. Es sind dies die Schwingungen um zwei verschiedene wagerechte Längsachsen und um die lotrechte Mittelachse des Wagenkastens. Bei einer seitlichen Störungsbewegung im Lauf der Drehgestelle, welche im allgemeinen für beide Drehgestelle eines Wagens verschieden ist, erfolgt eine Bewegung des Wagenkastens, welche sich aus allen 3 genannten Bewegungsarten zusammensetzt. Bei der Einstellung des Wagenkastens erfolgen also verschiedenartige Schwingungen, deren Zeiten zu 0,582, 3,077 und 0,7645 sec ermittelt sind.

Nach obigem ist nur die Schwingungszeit von 3,077 sec geeignet, ruhigen Gang des Wagens zu bewirken, während die andern unruhige, schlingernde Bewegungen zur Folge haben. Das Ziel des Konstrukteurs muß daher sein, die Wiege, welche die Ursache dieser ungeeigneten Schwingungsbewegungen bildet, durch ein anderes Konstruktionsglied zu ersetzen, welches eine größere Nachgiebigkeit ermöglicht.

Auf den Einwand, daß dabei die Ablenkung des Wagenkastens aus seiner Mittelstellung zu groß werden könne, werde zunächst erwidert, daß ja bei den vorhandenen Konstruktionen bereits eine solche Bewegung von langer Schwingungsdauer, verursacht durch das sehr nachgiebige Federgelenk, vorhanden ist, ohne daß zu große Ausschläge auftreten. Weiteren Aufschluß über die Größe der Ablenkung ergibt eine Rechnung, welche unter der Voraussetzung angestellt wird, daß auf den Wagenkasten eine Kraft von gegebener Größe in wagerechter Richtung wirkt.

Es werde zunächst für das Drehgestell der preußischen Staatsbahnen der Ausschlag berechnet, der unter der Einwirkung einer wagerechten Kraft, angreifend im Schwerpunkt des Wagenkastens, eintritt. Derselbe setzt sich zusammen aus dem Betrage für die Nachgiebigkeit der Wiege und demjenigen für das Federgelenk. Ein Vergleich beider Beträge muß das oben bereits gefundene Ergebnis, daß die Wiege wesentlich starrer ist als das Federgelenk, bestätigen.

Als seitliche Kräfte, die so anhaltend wirken, daß der Wagenkasten sich in eine neue Gleichgewichtslage einstellen kann, sind einerseits die Fliehkräfte beim Befahren von Bahnkrümmungen zu betrachten, andererseits auch die Schwerkraft in dem Falle, daß der Wagen in überhöhter Bahn nicht die dieser Neigung entsprechende Fliehkraft ausübt, also beispielsweise in einer Gleiskrümmung mit überhöhter Außenschiene sich in Ruhe befindet.

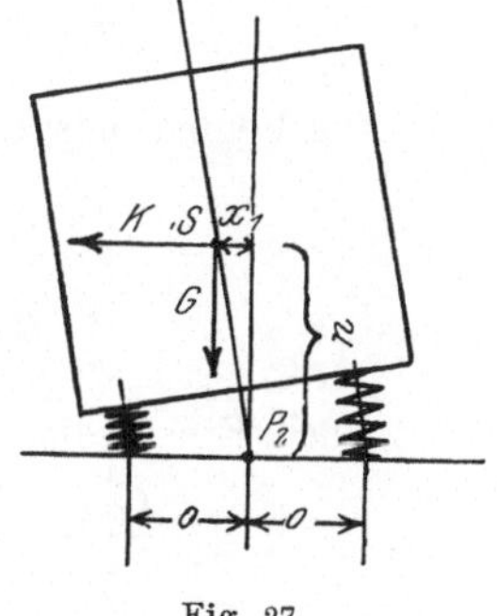

Fig. 27.

Um bezüglich der Größe der freien Seitenkräfte eine Annahme zu machen, werde der Fall vorausgesetzt, daß der Wagen sich in einer Krümmung von kleinem Radius, in welcher die Überhöhung 1 : 10 beträgt, im Stillstand befindet. Die freie Seitenkraft beträgt hierbei $K = {}^1/_{10}\,G$ und dürfte damit den größten vorkommenden Wert erreichen.

Zunächst werde der durch die Federung verursachte Ausschlag x_1 des Wagenkasten-Schwerpunktes aus der Mittelebene des Drehgestelles berechnet.

Der Drehpol für diesen Ausschlag ist P_2 (Fig. 27), der Drehungswinkel also:

$$w = \frac{x_1}{n}.$$

Das linksdrehende Moment setzt sich zusammen aus demjenigen der Seitenkraft K und demjenigen der Schwerkraft G. Es ist:

$$M = -(K n + G x_1).$$

Das diesem entgegenwirkende rechtsdrehende Moment entsteht durch die Federung. Die Verlängerung bezw. Verkürzung der Federn beträgt:

$$\delta = x_1 \cdot \frac{o}{n} \cdot$$

Bezeichnet man die Gesamtdurchbiegung einer Feder unter der Last $\frac{G}{2}$ mit f, so ist die durch die Längenänderung hervorgerufene Federspannkraft:

$$N = \frac{G}{2f} \cdot \delta = \frac{G x_1 . o}{2f . n} \cdot$$

Das gesamte rechtsdrehende Moment ist also:

$$M' = \frac{2 G x_1 . o}{2f . n} \cdot o = \frac{G x_1 . o^2}{f . n} \cdot$$

Die Bedingungsgleichung für den Gleichgewichtszustand lautet:

$$M + M' = 0,$$

oder

$$K n + G x_1 = \frac{G x_1 . o^2}{f . n} \cdot$$

Nach Einsetzung der ermittelten Zahlenwerte erhält man:

$$\frac{G}{10} \cdot 1{,}5 + G x_1 = G x_1 \cdot \frac{0{,}8^2}{0{,}22 . 1{,}5},$$

$$x_1 + 0{,}15 = 1{,}94\, x_1; \quad x_1 = \frac{0{,}15}{0{,}94} = 0{,}16.$$

Der Ausschlag des Wagenkasten-Schwerpunktes infolge des Federgelenkes allein kann also den beträchtlichen Wert von 0,16 Meter annehmen, ohne daß die Schwingungen, die dabei auftreten, erfahrungsgemäß einen ungünstigen Einfluß auf die Ruhe der Fahrt auszuüben vermöchten, denn die langsamen Schwingungen, deren Dauer oben zu

$$t_2 = 3{,}077 \text{ sec}$$

ermittelt wurde, werden von den Insassen des Wagens nicht unangenehm empfunden.

Die starke Neigung w des Wagenkastens, welche mit dem Ausschlage x_1 verbunden ist und ihrerseits auf die Vergrößerung dieses Ausschlages infolge Überhängens des Wagenkasten-Schwerpunktes in Richtung der Seitenkraft hinwirkt, läßt sich bei Anwendung anderer konstruktiver Mittel vermeiden. Damit wird also auch die Folge dieser starken Neigung, der Überhang der Wagenkasten-Oberkante, welche leicht zu einer Überschreitung der Profilgrenzen führt, eingeschränkt. Die Mittel hierzu werden weiter unten beschrieben.

Wesentlich kleiner, aber infolge der kurzen Schwingungen von weit ungünstigerem Einfluß auf die Ruhe der Fahrt ist der Ausschlag der Wiege.

Der Bahnradius des Wiegen-Mittelpunktes wurde für das oben untersuchte Drehgestell der preußischen Staatsbahnen zu 0,26 Meter ermittelt. Der Bahnradius des Schwerpunktes ist kleiner als 0,26, da dieser dem Pol P_1, dessen Bahnradius Null ist, näher liegt. Schätzungsweise werde ϱ für den Schwerpunkt zu 0,20 angenommen. Der Ausschlag infolge der Seitenkraft $K = {}^1/_{10}\, G$ beträgt also nur $\frac{0{,}20}{10} = 0{,}02$ Meter. Trotz dieses geringen Ausschlages wirken die Schwingungen der Wiege sehr ungünstig infolge ihrer hohen Schwingungszahlen und ihrer großen Beschleunigungen. Dazu kommt als besonders ungünstiges Moment das häufige Auftreten von Resonanzerscheinungen der primären Seitenbewegungen des Drehgestells und der sekundären Schwingungen der Wiege, wie dies oben erläutert wurde.

Die Wiege muß, um eine Verbesserung der Fahrt zu erzielen, so umgestaltet werden, daß ihre kurzen Schwingungen beseitigt werden.

IV. Sonderkonstruktionen.

Bezüglich der konstruktiven Ausführung unterscheiden sich die üblichen Drehgestellformen mit Wiege, welche für Schnellzugwagen verwendet werden, zwar in manchen Punkten von einander, aber diese Unterschiede üben keinen wesentlichen Einfluß auf die im vorhergehenden betrachtete Beweglichkeit des Wagenkastens gegen die Drehgestelle aus. Die Mittel zur Erzielung dieser Beweglichkeit sind in allen Fällen die Tragfedern und die Wiege. Die Federn unterscheiden sich etwas bezüglich ihrer Nachgiebigkeit, zuweilen, wie bei den Drehgestellen der englischen Bauart, sind die üblichen Blattfedern durch Schraubenfedern ersetzt, die Wiegenkonstruktionen weisen Unterschiede bezügl. der Länge und Neigung der Lenker auf, aber alle diese Unterschiede beeinflussen die charakteristischen Schwingungszahlen nur in geringem Maße. Die oben für das Drehgestell der preußischen Staatsbahnen angestellten Berechnungen können in ganz ähnlicher Form auf eine beliebige andere Konstruktion Anwendung finden. Die Folgerungen, welche an die Ergebnisse dieser Berechnungen zu knüpfen wären, sind die gleichen wie für das oben betrachtete Beispiel.

Hiervon unterscheidet sich wesentlich die Konstruktion „v. Borries" ohne Wiegenvorrichtung, die hier noch näher betrachtet werden soll. An die Stelle der Wiege tritt bei dieser Bauart nur eine eng begrenzte seitliche Verschiebbarkeit des Wagenkastens auf Reibungsflächen (Fig. 28). Die Mittelstellkraft wird durch wagerecht angeordnete Blattfedern hervorgerufen. Die üblichen auf der Wiege angeordneten Querfedern zur Unterstützung des Wagenkastens fehlen bei dieser Konstruktion, die erforderliche lotrechte Nachgiebigkeit wird durch die Längsfedern über den Achsbüchsen erzielt.

Es sei hier besonders bemerkt, daß das oben näher betrachtete Federgelenk der sonstigen Drehgestellkonstruktionen auch bei der

Bauart „v. Borries" vorhanden ist, da auch hierbei wechselseitige Durchbiegung der Tragfedern auf beiden Seiten des Drehgestells möglich ist. Die langsamen, weichen Schwingungen des Federgelenks, deren Schwingungszeit oben zu etwa 3 sec ermittelt wurde, treten also auch hier auf. Es fehlen nur die als schädlich erkannten Schwingungen der Wiege, deren Dauer bei den sonstigen Drehgestellen etwa 0,58 sec beträgt.

Die Vorteile, welche diese Konstruktion bietet, liegen also in der Vermeidung der im vorstehenden eingehend begründeten Mängel der Wiegenanordnung. Nur ist die Art und Weise der Vermeidung der mit der Wiege verbundenen Übelstände eine von vorstehenden Überlegungen wesentlich abweichende.

Während im vorstehenden vorgeschlagen wird, die Schwingungsdauer des Wagenkastens zu verlängern, also seine Lagerung nach-

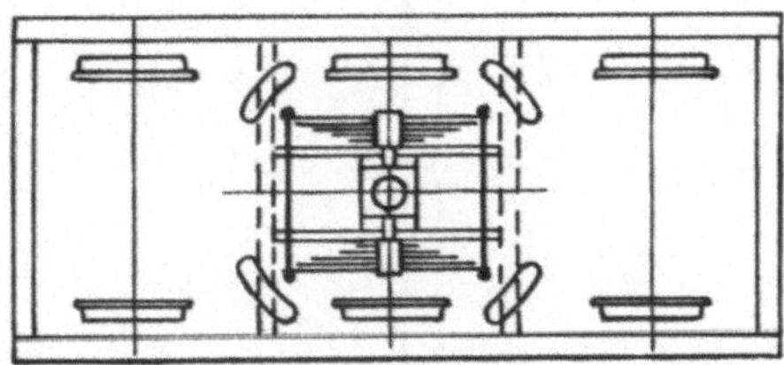

Fig. 28.

giebiger zu gestalten, ist bei dieser Konstruktion der entgegengesetzte Weg beschritten, nämlich weniger nachgiebige Lagerung des Drehzapfens bei gleichzeitiger kräftiger Dämpfung der Schwingungen durch Reibung wagerechter Gleitflächen.

Die Erfahrung hat gezeigt, daß bei dem vorzüglichen Oberbau der Versuchs-Schnellbahn Berlin—Zossen, bei den langen Radständen der Drehgestelle von 5,0 Meter (vergl. Tafel 20 der Drehgestellsammlung) und bei den großen Krümmungsradien von 1900 bis 2000 Meter die Bauart sich bis zu den höchsten Fahrgeschwindigkeiten bewährt hat. Ob indes unter solchen Verhältnissen, wie sie die normalen Schnellzuglinien mit mittelgutem Oberbau aufweisen, und bei normalen Radständen der Drehgestelle von 2—4 Meter nicht eine weichere Lagerung des Wagenkastens vorzuziehen ist, können erst weitere Versuche zeigen. Die vorstehenden Überlegungen deuten darauf hin, daß in solchen Fällen, in denen seitliche Stöße auf die Drehgestelle wirken und Schlingerbewegungen eintreten, eine nachgiebigere Lagerung des Wagenkastens auf dem Drehgestell der starren vorzuziehen ist, da bei letzterer die Bewegungen des Wagenkastens hart und unruhig werden.

Es soll nunmehr eine Anordnung besprochen werden, bei welcher die Wiege durch eine Vorrichtung ersetzt ist, welche nur langsame und weiche Bewegungen des Wagenkastens in der Querrichtung im Sinne obiger Erörterungen ermöglicht.

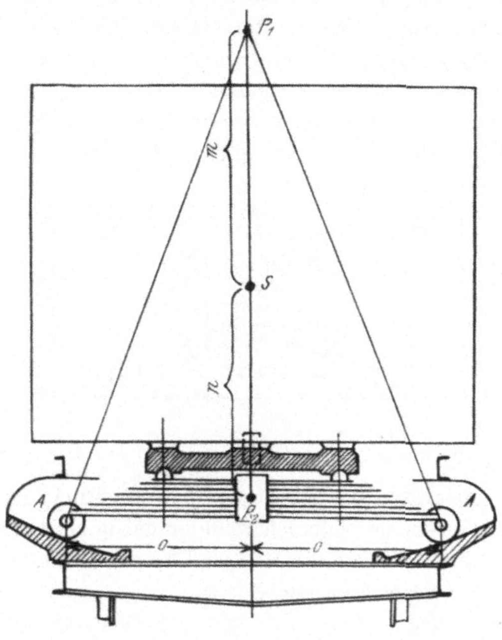

Fig. 29.

Fig. 29 zeigt in schematischer Darstellung die zu untersuchende Konstruktion. An die Stelle des Wiegebalkens tritt hier eine Querfeder, auf deren oberstes Blatt der Wagenkasten in zwei Punkten gelagert ist. Der für die Baulänge der Tragfeder zu Gebote stehende Raum gestattet eine genügend weiche Federung trotz der Belastung derselben außerhalb der Federmitte, zumal die nicht ausgenutzte Durchbiegung des Mittelteils der Feder nur gering ist. Die Durchbiegung der Tragfedern einschließlich der Seitenfedern beträgt bei der dargestellten Anordnung 0,252 Meter, die Länge der Querfeder ist zu 1,80 Meter angenommen.

An Stelle der Wiegenlenker, welche eine genügende Nachgiebigkeit in wagerechter Richtung nicht ermöglichen, treten geneigte Rollbahnen und Rollen, welche mit ihren Zapfen an den Enden der Tragfedern befestigt sind. Durch die Form dieser Rollbahnen, welche nach einer beliebigen Kurve geformt sein können, ist konstruktiv jedes Maß von Rückstellkraft sowie jeder Drehpol für die Bewegung des Wagenkastens möglich. In der Figur zeigen diese Bahnen Kreisbogenform mit dem Mittelpunkt in P_1. Dadurch ist erreicht, daß dieser Punkt unverändert den Drehpol des Wagenkastens für seine der Wiegenbewegung entsprechende Querdrehung bildet. Die Bewegung ist nahezu die gleiche, wie die Wiegenbewegung des Drehgestells der preußischen Staatsbahnen, für welche der Drehpol P_1 im Schnittpunkt der Wiegenlenker liegt, nur die Mittelstellkraft ist eine wesentlich andere, da die Hebungen und Senkungen des Punktes P_1 bei dieser Anordnung gleich Null werden, mithin die bei der Verschiebung zu leistende Arbeit wesentlich verschieden ist von derjenigen, welche bei der Bewegung der Wiege mit Lenkeraufhängung aufzuwenden ist. Die Anordnung entspricht einer Wiege mit den Lenkerlängen A—P_1; die Querbewegungen werden also wesentlich weicher, die Nachgiebigkeit größer als bei den kurzen Lenkern des Drehgestells der preußischen Staatsbahnen.

Für die Wahl der Rollbahnen bei der vorgeschlagenen Anordnung ist folgende Überlegung maßgebend:

Wirkt auf den Wagenkasten Fliehkraft in wagerechtem Sinne, wobei zunächst angenommen wird, daß die Schienenbahn keine Überhöhung zeigt, so ist es möglich, diese seitliche Kraft für die Insassen des Wagens völlig unbemerklich zu machen, wenn der Wagenkasten so gedreht wird, daß die Resultierende aus Schwere und Seitenkraft senkrecht durch den Wagenfußboden geht. Da diese Resultierende für alle im Wagen befindlichen Körper die gleiche Richtung hat wie für den ganzen Wagenkasten, wird nun die Wirkung nicht anders sein, als wenn auf den lotrecht stehenden Wagenkasten nur die Schwerkraft einwirkte.

Eine solche Einstellung tritt ein, wenn, wie bei der Schwebebahn, der Wagenkasten an einer oberhalb seines Schwerpunktes liegenden Achse drehbar aufgehängt ist. Die gleiche Wirkung wird mit der in Fig. 29 dargestellten Anordnung erzielt, wobei der Drehpol P_1 die Stelle des festen Drehpunktes bei der Schwebebahn vertritt. Voraussetzung ist, daß P_1 über dem Schwerpunkt S des Wagenkastens liegt.

Ist nun Überhöhung der äußeren Schiene in der Bahnkrümmung vorhanden, aber entspricht dieselbe nicht der bei der tatsächlichen

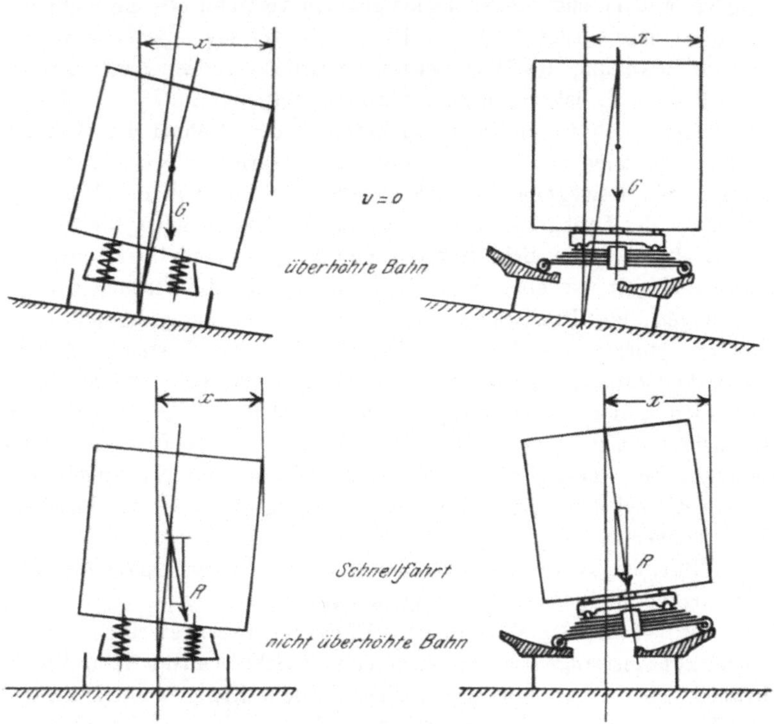

Fig. 30—33.

Fahrgeschwindigkeit auftretenden Fliehkraft, so tritt die beschriebene Einstellung in gleicher Weise ein, derart, daß die Resultierende aus Schwere und Fliehkraft immer in die mittlere Längsebene des Wagenkastens fällt. Dasselbe ist der Fall, wenn in einer Bahnkrümmung mit Überhöhung der Wagen stillsteht. In diesem Falle stellt sich die Mittelebene des Wagenkastens lotrecht ein.

Die Fig. 30—33 zeigen die Einstellung des Wagenkastens bei den verschiedenen Anordnungen, und zwar Fig. 30 und 31 für

Stillstand des Wagens in überhöhter Bahn, Fig. 32 und 33 für Schnellfahrt in nicht überhöhter Bahn. Die Lage und Richtung der resultierenden Kraft ist in den Figuren angegeben.

Die Ausschläge, welche bei der Anordnung nach Fig. 29 die äußerste Kante des Wagenkastens aus ihrer Ruhelage beschreibt, werden weiter unten berechnet, nachdem die Lage des Drehpunktes P_1 näher bestimmt ist. Es werde hier bereits bemerkt, daß diese Ausschläge nicht wesentlich größer sind als bei der gewöhnlichen Anordnung. Zu weite Ausschläge aus dem vorgeschriebenen Wagenprofil und infolgedessen wesentliche Beschränkung der nutzbaren Wagenkastenbreite sind bei der vorgeschlagenen Anordnung nicht zu befürchten. Der in Fig. 33 dargestellte Fall einer nicht überhöhten Kurve, bei welchem die größten Ausschläge auftreten, kommt zudem praktisch wenig in Betracht.

Die Figuren lassen ferner erkennen, daß bei der Anordnung mit Rollbahnen statt der Wiege die Tragfeder sich mit dem Wagenkasten in die Richtung der resultierenden Kraft einstellt, derart, daß diese Kraft stets durch die Mitte des Federbundes hindurchgeht. Daraus folgt, daß die ungleichmäßige Durchbiegung der Tragfeder bei einseitig wirkender Kraft und damit das Überhängen des Wagenkastens nach der Kraftrichtung hin bei der vorgeschlagenen Konstruktion vermieden wird. Die Einstellung erfolgt stets so, daß eine wagerecht wirkende Kraft von den Insassen des Wagens nicht wahrgenommen wird.

Es ist nunmehr für die vorgeschlagene Konstruktion die Art der auftretenden Schwingungen des Wagenkastens, ihre Zeitdauer und ihr Drehpunkt zu untersuchen.

Die einzige praktisch veränderliche Größe, welche auf die Schwingungsdauer von Einfluß ist, ist die Strecke $P_1 — S = m$ (Fig. 29), d. h. die Höhenlage des Mittelpunktes P_1 der Rollbahnen, und zwar gibt es einen bestimmten Wert für m, bei welchem die Schwingungsdauer am kleinsten, die Stabilität der Wagenkastenunterstützung also am größten ist. Die Größe m verhält sich ähnlich der Länge eines gewöhnlichen physischen Pendels, welches gleichfalls bei einem bestimmten Abstand zwischen Schwerpunkt und Drehpunkt die schnellsten Schwingungen ausführt. Dies ist bei einem physischen Pendel dann der Fall, wenn dieser Abstand gleich dem Trägheitsradius der pendelnden Masse bezogen auf ihren

Schwerpunkt ist. Eine ähnliche Beziehung tritt, wie nachstehend dargelegt wird, auch in vorliegendem Falle auf.

Zur Untersuchung der Schwingungsdauer können wieder die im vorhergehenden Abschnitte aufgestellten Gleichungen (I) und (II) benutzt werden. Um das Minimum der Schwingungsdauer zu finden, ist in diesen Gleichungen die Größe m als Veränderliche zu betrachten und derart zu bestimmen, daß $t = 2\pi\sqrt{\frac{J}{D}}$ bezw. $u = \frac{J}{D}$ ein Minimum wird. Diese Untersuchung erfolgt in der Weise, daß für verschiedene Größen von m die entsprechenden Werte der Schwingungsdauer berechnet und in eine Kurve zusammengestellt werden.

Da auch die Größe $P_2 - S = n$ (Fig. 29), die Höhenlage des Schwerpunktes über der Tragfeder, von Einfluß auf die Schwingungsdauer ist, sind in den Fig. 34 und 35 für zwei Werte von n, nämlich für 1,3 und 1,5 Meter, die Kurven mit den Abszissen m und den Ordinaten t dargestellt. Der Berechnung dieser Werte sind folgende Größen zugrunde gelegt:

Bahnradius ϱ des Punktes $P_2 = m + n$,
Abstand o der Federauflager von der Mitte $o = 0{,}9$ Meter,
Durchbiegung f der Tragfedern unter der ruhenden Wagenlast $f = 0{,}252$ Meter,
Trägheitsradius r des Wagenkastens $r = 1{,}0$ Meter.

Die Fig. 34 und 35 zeigen je zwei Kurven, welche den Werten t_1 und t_2 entsprechen. Von diesen ist t_1 in erster Linie von den Rollbahnen, t_2 von den Tragfedern abhängig. Der letztere Wert zeigt bei einer Veränderung von m nur ganz geringe Unterschiede. Die Schwingungsdauer t_1 dagegen nimmt erst bei einer bestimmten Größe von m reelle Werte an, es ist also erst von diesem Punkte ab Stabilität vorhanden. Derselbe liegt für $n = 1{,}3$ bei $m = 0{,}88$ Meter, bei $n = 1{,}5$ bei $m = 1{,}31$ Meter. Die kürzeste Schwingungsdauer t_1, also die größte Stabilität, ist für $n = 1{,}3$ bei $m = 2{,}4$ Meter vorhanden. Für $n = 1{,}5$ liegt dieser Punkt bei $m = 2{,}9$ Meter. Die kleinste Schwingungsdauer beträgt in beiden Fällen 3,7 bezw. 3,94 sec. Die Schwingungsdauer t_2 beträgt in den gleichen Punkten 2,36 und 2,76 sec. Kürzere Schwingungen, wie solche bei der gewöhnlichen Wiegenkonstruktion auftreten ($t_1 = 0{,}58$ sec), kommen bei dieser Anordnung in Fortfall.

Schwingungszeit t des nach Figur 29 unterstützten Wagenkastens
Schwerpunkthöhe n = 1,3
Schwerpunkthöhe n = 1,5
Lage der resultierenden Pole
Schwerpunkthöhe n = 1,3
Schwerpunkthöhe n = 1,5
Schwingungszeit
Entfernung m
Entfernung z
3,5 Meter
t1 min
4,7
3,82
3,71
1,96
2,195
2,36
2,34
4,77
4,08
3,94
2,41
2,66
2,76
2,7
2,57
1,126
0,671
0,26
0,044
-0,888
-1,635
-3,79
1,185
1,184
0,61
0,057
-0,54
-0,844
-1,65
-4,90

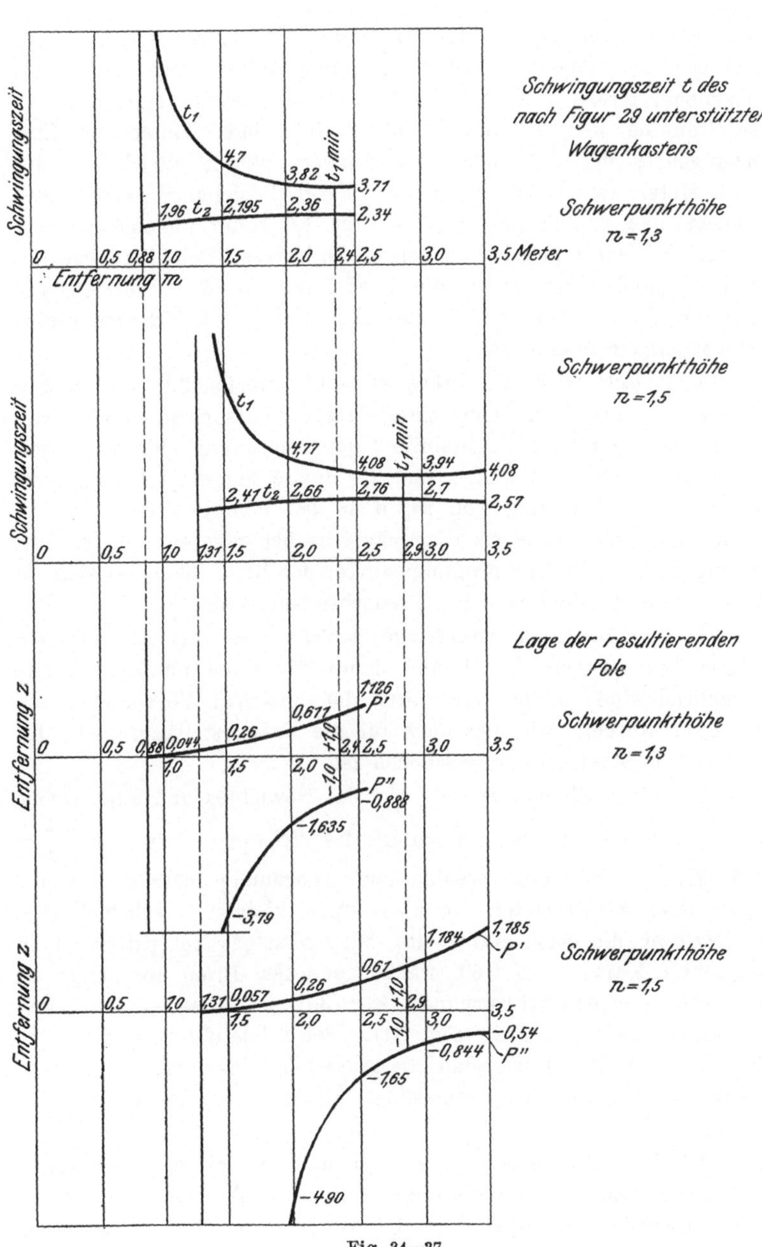

Fig. 34—37.

Die Kurven Fig. 36 und 37 stellen die Veränderungen in der Lage der Drehpole dar, die bei der genannten Anordnung und bei veränderlicher Größe von m auftreten. Die Kurven zeigen, daß in den Punkten der größten Stabilität in beiden Fällen die Entfernungen z der Drehpole vom Schwerpunkt S gleich $+$ oder $-1{,}0$ Meter sind. Zur Erklärung dieser Beziehung werde daran erinnert, daß der Trägheitsradius r zu 1,0 Meter angenommen ist, und daß bei jedem physischen Pendel die kürzeste Schwingungsdauer dann vorhanden ist, wenn die Pendellänge z, d. h. der Abstand zwischen Schwerpunkt und Drehpunkt, gleich dem Trägheitsradius der pendelnden Masse ist.

Praktisch wird die Größe m wohl zweckmäßig so gewählt, wie sie der geringsten Schwingungsdauer t_1 entspricht. Wählt man sie kleiner, so nimmt die Stabilität der Anordnung ab, die Seitenschwankungen werden länger und die Einstellung erfolgt langsamer. Bei einer Vergrößerung von m, d. h. bei höherer Lage von P_1, werden die Ausschläge des Wagenkastens bei gegebener Seitenkraft größer, da bei gleichem Neigungswinkel der Mittelebene des Wagenkastens sein Abstand von der Drehachse zunimmt.

Die Größe dieser Ausschläge, welche ihrerseits für das vom Wagen beanspruchte Profil und damit für seine nutzbare Breite maßgebend sind, sollen nun unter den gleichen Voraussetzungen berechnet werden, wie dies oben für die Drehgestellanordnung der preußischen Staatsbahnen geschehen ist.

Bei einer Seitenkraft von $^1/_{10}$ des Gewichtes und einer Größe $m = 2{,}4$ Meter ist der Ausschlag des Schwerpunktes $x = \frac{2{,}4}{10} = 0{,}24$ Meter. Bei der preußischen Anordnung betrug derselbe $0{,}16 + 0{,}02 = 0{,}18$ Meter, ist also etwas kleiner. Während aber bei letzterer die obere Kante des Wagenkastens bei Stillstand in überhöhter Kurve noch weit stärker aus dem Profil überhängt als der tiefer gelegene Schwerpunkt (Fig. 30), ist dies bei der neuen Anordnung nicht der Fall (Fig. 31). Bei Schnellfahrt in nicht genügend überhöhter Bahn sind die Ausschläge geringer, da Seitenkräfte von $^1/_{10}$ des Wagengewichtes hierbei im allgemeinen nicht auftreten.

Es darf also behauptet werden, daß bei der vorgeschlagenen Anordnung trotz der weit größeren Beweglichkeit die Ausschläge nicht wesentlich größer sind als bei der Drehgestellkonstruktion der preußischen Staatsbahnen, daß also eine Einschränkung der nutzbaren Wagenbreite nicht stattfindet.

Bezüglich der konstruktiven Anordnung des vorgeschlagenen Drehgestells werde noch bemerkt, daß die Federung zwischen Achsbüchsen und Drehgestellrahmen zweckmäßig wenig nachgiebig gewählt wird, da dieselbe nicht der Einstellung des Wagenkastens in die resultierende Kraftrichtung unterworfen ist. Bei der geringen zu federnden Masse der Drehgestelle dürften zu ihrer Auflagerung auf die Achsbüchsen kurze Spiralfedern entsprechend der dritten Federung des preußischen Drehgestells (Fig. 12 *C*) ausreichen. Die Querfedern hingegen ermöglichen bei der vorgeschlagenen Anordnung nach Fig. 29 infolge ihrer großen Baulänge eine sehr weiche und nachgiebige Federung.

Die Konstruktion dürfte nach vorstehendem den in vorliegender Untersuchung gestellten theoretischen Anforderungen in hohem Maße entsprechen.